干旱内陆河流域
水文生态格局演变与调控研究

黄　峰　淳于训洲　鄢　波　郭利丹◎著

河海大学出版社
HOHAI UNIVERSITY PRESS
·南京·

图书在版编目(ＣＩＰ)数据

干旱内陆河流域水文生态格局演变与调控研究 / 黄峰等著. — 南京：河海大学出版社，2023.12
ISBN 978-7-5630-8542-2

Ⅰ. ①干… Ⅱ. ①黄… Ⅲ. ①干旱区—内陆水域—区域水文学—研究—中国 Ⅳ. ①P343

中国国家版本馆 CIP 数据核字(2023)第 236953 号

书　　　名	干旱内陆河流域水文生态格局演变与调控研究
	GANHAN NEILUHE LIUYU SHUIWEN SHENGTAI GEJU YANBIAN YU TIAOKONG YANJIU
书　　　号	ISBN 978-7-5630-8542-2
责任编辑	倪美杰
特约校对	刘　超
封面设计	张育智　刘　冶
出版发行	河海大学出版社
地　　　址	南京市西康路 1 号(邮编：210098)
电　　　话	(025)83737852(总编室)　(025)83722833(营销部)
经　　　销	江苏省新华发行集团有限公司
排　　　版	南京布克文化发展有限公司
印　　　刷	广东虎彩云印刷有限公司
开　　　本	787 毫米×1092 毫米　1/16
印　　　张	13.5
字　　　数	226 千字
版　　　次	2023 年 12 月第 1 版
印　　　次	2023 年 12 月第 1 次印刷
定　　　价	98.00 元

前言

Preface

  干旱内陆河流域深处大陆腹地,是全球气候变化下的水文生态敏感脆弱区。随着社会经济的高速发展,人类对流域水土资源开发的强度越来越大,导致干旱内陆河流域水循环过程与生态格局发生了根本性变化,破坏了流域原有的水文生态格局结构,使干旱内陆河流域出现河流断流、土地荒漠化、尾间湖泊萎缩甚至干涸等一系列生态恶化现象,对流域生态系统的健康稳定造成了严重影响。干旱内陆河流域水文生态格局的保护对全球可持续发展具有重要意义。

  本书以生态水文学为基础,采用理论研究与实例分析相结合的方法,探讨了流域水文生态格局形成与调控的内涵。选取典型干旱内陆河石羊河流域为研究对象,开展了干旱内陆河流域水文生态格局特征识别与划分研究,探究了干旱内陆河流域尾间绿洲恢复时空演变特征及适宜生态输水量,最后基于流域水文生态格局优化调控,提出了干旱内陆河流域水文生态格局调控对策建议。研究结果有助于理解干旱内陆河流域尾间绿洲恢复的内在机理,可为国内外其他干旱内陆河流域水文生态的治理与改善提供科学依据,为生态水文学学科理论的丰富和发展提供参考。本书主要研究内容及成果如下:

  (1) 分析了石羊河流域气候、水资源开发利用及生态健康状况演变特征。结果表明石羊河流域气候呈"暖湿化"变化趋势,但仍呈现干旱少雨且气温降水空间异质性大的总体特征。流域总用水量显著下降,地下水供水比例下降明显,流域水资源仍存在过度开发利用。流域生态健康状况有小幅改善,但仍处于"一般"生态健康水平。

（2）阐述了流域水文生态格局的形成与划分内涵,提出了干旱内陆河流域水文生态格局区域划分基本框架。探究了石羊河流域水文与生态格局时空演变特征及驱动生态格局形成与演变的主要因素。流域生态格局变化主要集中在耕地、草地与裸地之间的相互转化,林地转为草地以及居民地扩张;流域多年平均径流深呈现自上游到下游递减的分布格局。人类活动与地形因素是影响流域人工绿洲分布形成的主要驱动力,天然绿洲格局的形成受自然和人为因素的共同影响。人类活动变化及地形因素共同推动了城镇扩张和耕地增长。流域生态格局变化程度在不同驱动因子水平上差异明显。构建了适用于干旱内陆河流域的水文生态格局划分指标体系,将石羊河流域水文生态格局划分为上游自然山地产水区、中游平原绿洲耗水区和下游荒漠平原需水区 3 个水文生态一级分区以及 4 个水文生态二级分区,剖析了流域主要生态保护目标。

（3）构建并阐释了基于水文生态模拟的尾闾绿洲恢复生态输水量优化框架。生态输水有效推动了石羊河尾闾青土湖绿洲生态恢复,形成季节性淹没区;绿洲空间格局复杂性增大,裸地逐步向有植被覆盖类型土地演替;生态输水导致的地下水埋深空间规律性与随机性共存、地下水埋深与绿洲 NDVI 的复杂性关系共同影响了绿洲恢复时空动态变化。构建了尾闾绿洲元胞自动机-概念性集总式生态水文模型,模拟发现生态输水工程对于防控青土湖绿洲退化至关重要,建议继续实施生态输水。生态输水的生态效益随绿洲蒸散损耗水量的增加呈非线性增长,宜将绿洲面积恢复至 27.98～30.61 km² 、绿洲 NDVI 达到 0.40～0.42、绿洲地下水埋深缩减至 2.31～2.35 m 作为绿洲适宜恢复目标,将 0.45 亿 m³ 水量作为绿洲年生态输水量的推荐值。

（4）提出了流域水文生态格局调控的内涵与理论基础,讨论了面向干旱内陆河流域生态健康的水文生态格局调控原则与目标,构建了以水资源配置为内核、结合流域生态健康评价的流域水文生态格局调控模型。通过情境模拟优化,提出了在现状平水年来水条件下,调高引硫济金工程调水量至 0.4 亿 m³ 、提升灌溉水利用系数至 0.65,降低流域综合农田灌溉定额至 290 m³/亩①,维持青土湖生态输水量在 0.45 亿 m³ ,压减耕地面积至流域基本农田保护面积

---

① 1 亩≈666.7 m²

4 121.73 km²;在现状水平年社会经济发展规模下,分别将中游和下游水文生态分区地下水开采量控制在 3.45 亿 m³ 和 2.57 亿 m³;在规划水平年社会经济发展规模下,分别将中游和下游水文生态分区地下水开采量控制在 3.95 亿 m³ 和 2.14 亿 m³。讨论并提出了流域水文生态格局调控对策建议。

本书的主要创新点为:

(1) 揭示了生态输水驱动下干旱内陆河流域尾闾绿洲恢复空间格局演变特征与机理。

基于对干旱内陆河流域尾闾绿洲不同覆被类型及其空间配置的熵信息分析,揭示了绿洲恢复过程中不同覆被类型空间分布的随机性与规律性并存、空间格局复杂性有所提升的演变规律,阐明了生态输水驱动的绿洲地下水埋深空间格局规律性与随机性共存、绿洲 NDVI 与地下水埋深复杂的相关关系,是影响绿洲恢复时空动态变化的主要因素,进一步加深了对输水引起的绿洲覆被变化特征与机制的理解。

(2) 提出了干旱内陆河流域尾闾绿洲生态输水量优化方法。

为弥补现有模型直接高效地模拟干旱内陆河流域尾闾绿洲恢复水文生态过程及其空间动态演变能力相对较弱的不足,构建了适用于尾闾绿洲的元胞自动机-概念性集总式生态水文模型,在此基础上综合多情境、长时序模拟,剖析了不同生态输水情境下的生态效益与蒸散损耗相关关系并开展多目标优化,提出了基于绿洲恢复多情境时空动态模拟的干旱内陆河流域尾闾绿洲生态输水量优化方法。利用该方法确定了绿洲水文生态适宜保护目标及生态输水量,为干旱内陆河流域水文生态格局总体调控提供了科学支撑。

(3) 提出了面向干旱内陆河流域生态健康的水文生态格局调控技术。

通过系统构建适用于干旱内陆河流域的水文生态格局划分指标体系,在科学划定流域水文生态分区的基础上,提出了面向干旱内陆河流域生态健康的水文生态格局调控技术。建立了以水资源配置为内核、结合流域生态健康评价的水文生态格局调控模型,运用多情境分析与多目标优化,提出了流域水文生态格局调控推荐方案。该技术丰富并完善了流域水文生态分区体系框架,弥补了现有流域水文生态调控研究缺乏从水文生态格局角度开展系统分析的不足,为探索以生态健康水平最优为目标的干旱内陆河流域水文生态格局调控策略提供了新途径。

本书由河海大学黄峰、水利部海河水利委员会淳于训洲、长江科学院鄢波、河海大学郭利丹共同编写,江苏省水资源服务中心杨树滩、武汉长科设计有限公司李季琼参与了书稿的整理与审校工作。第1章由淳于训洲、黄峰编写,杨树滩审校;第2章由淳于训洲、黄峰、鄢波编写,李季琼、杨树滩审校;第3章由黄峰、淳于训洲、郭利丹、鄢波编写,杨树滩、李季琼审校;第4章由黄峰、淳于训洲、鄢波、郭利丹编写,李季琼、杨树滩审校;第5章由黄峰、淳于训洲、鄢波、郭利丹编写,杨树滩、李季琼审校;第6章由黄峰、淳于训洲编写,李季琼审校。

　　由于时间、精力和水平有限,本书难免存在疏漏和不足,恳请各位同仁和读者批评指正。

目录

Contents

第1章　绪论 ……………………………………………………………… 001

1.1　研究目的及意义 …………………………………………………… 001

1.1.1　问题的提出 ………………………………………………… 001

1.1.2　研究意义 …………………………………………………… 003

1.2　国内外研究进展 …………………………………………………… 003

1.2.1　流域水文生态格局划分研究进展 ………………………… 003

1.2.2　干旱内陆河流域尾闾绿洲水文生态恢复研究进展 …… 005

1.2.3　流域水文生态调控研究进展 ……………………………… 007

1.2.4　存在的不足与挑战 ………………………………………… 009

1.3　研究内容与技术路线 ……………………………………………… 011

1.3.1　主要研究内容 ……………………………………………… 011

1.3.2　技术路线 …………………………………………………… 013

第2章　研究区域数据处理与特征分析 ……………………………… 015

2.1　研究区域基本概况 ………………………………………………… 015

2.1.1　石羊河流域基本概况 ……………………………………… 015

2.1.2　石羊河流域尾闾青土湖绿洲基本概况 ………………… 019

2.2　石羊河流域数据来源及预处理 …………………………………… 021

2.2.1　流域地形数据 ……………………………………………… 021

　　2.2.2　流域土地利用数据 ·· 022

　　2.2.3　流域气象水文数据 ·· 023

　　2.2.4　流域社会经济数据 ·· 027

2.3　青土湖绿洲数据来源及预处理 ······························ 028

　　2.3.1　卫星遥感影像数据 ·· 028

　　2.3.2　实地调查数据 ··· 031

　　2.3.3　水文统计数据 ··· 033

2.4　石羊河流域气候、水资源开发利用及生态健康状况演变特征 ·· 034

　　2.4.1　特征分析方法 ··· 034

　　2.4.2　石羊河流域气候变化特征 ··································· 039

　　2.4.3　石羊河流域水资源开发利用情况 ···························· 046

　　2.4.4　石羊河流域生态健康状况 ··································· 051

2.5　本章小结 ··· 052

第3章　干旱内陆河流域水文生态格局时空演变与划分研究 ·········· 054

3.1　流域水文生态格局的形成与划分内涵 ························ 054

3.2　干旱内陆河流域水文生态格局区域划分基本框架 ············ 055

3.3　干旱内陆河流域水文与生态格局时空演变特征分析 ·········· 056

　　3.3.1　流域水文与生态格局时空演变特征分析方法 ··············· 056

　　3.3.2　石羊河流域水文与生态格局组成及空间分布特征 ····· 057

　　3.3.3　石羊河流域水文与生态格局时空演变特征 ··············· 060

3.4　干旱内陆河流域生态格局形成与演变驱动分析 ·············· 068

　　3.4.1　流域生态格局形成与演变驱动分析方法 ·············· 068

　　3.4.2　石羊河流域生态格局形成驱动力 ··························· 072

　　3.4.3　石羊河流域生态格局演变驱动力 ··························· 075

3.5　干旱内陆河流域水文生态格局划分研究 ···················· 082

　　3.5.1　流域水文生态格局划分原则 ································· 082

　　3.5.2　干旱内陆河流域水文生态格局划分指标体系 ··············· 083

　　3.5.3　流域水文生态格局划分方法 ································· 084

　　3.5.4　石羊河流域水文生态格局划分结果及其特征分析 ····· 085

3.6　基于流域水文生态格局的石羊河流域主要生态保护目标分析 ······ 089
3.7　本章小结 ··· 091

第4章　干旱内陆河流域尾闾绿洲恢复时空演变及生态输水量优化研究
　　　 ··· 094
4.1　基于水文生态模拟的尾闾绿洲恢复生态输水量优化框架 ········· 094
4.2　尾闾绿洲恢复时空演变及生态输水量优化分析方法 ··············· 096
　　4.2.1　水面信息提取 ··· 096
　　4.2.2　绿洲覆被变化分析 ·· 096
　　4.2.3　绿洲空间格局复杂性熵信息分析 ······························· 097
　　4.2.4　尾闾绿洲元胞自动机-概念性集总式生态水文模型 ······ 100
　　4.2.5　尾闾绿洲生态输水量优化分析 ··································· 109
4.3　生态输水驱动下青土湖绿洲恢复时空演变 ·························· 111
　　4.3.1　生态输水驱动下青土湖绿洲恢复时空演变特征 ········· 111
　　4.3.2　生态输水驱动下青土湖绿洲恢复时空演变机理分析 ··· 120
4.4　青土湖绿洲恢复时空模拟及生态输水量优化分析 ················· 123
　　4.4.1　青土湖绿洲水文生态恢复效果评价 ························· 123
　　4.4.2　模型参数率定及验证结果 ······································· 125
　　4.4.3　青土湖绿洲对生态输水变化的时空响应分析 ············ 128
　　4.4.4　青土湖绿洲生态输水量优化 ··································· 131
4.5　本章小结 ··· 133

第5章　面向干旱内陆河流域生态健康的水文生态格局调控研究 ········· 135
5.1　流域水文生态格局调控的内涵与理论基础 ························· 135
　　5.1.1　流域水文生态格局调控内涵 ··································· 135
　　5.1.2　干旱内陆河流域水文生态格局调控的理论基础 ······· 138
5.2　面向流域生态健康的水文生态格局调控框架 ······················ 140
5.3　面向流域生态健康的水文生态格局调控原则与目标 ············ 141
　　5.3.1　调控原则 ·· 141
　　5.3.2　调控目标 ·· 142

　　　　5.3.3　结合流域水文生态分区的石羊河流域水系结构概化 ··· 143

　　　　5.3.4　石羊河流域水文生态格局调控目标分析 ·········· 145

　　5.4　面向石羊河流域生态健康的水文生态格局调控模型········· 147

　　　　5.4.1　计算单元划分 ·························· 147

　　　　5.4.2　模型构建 ···························· 147

　　　　5.4.3　目标函数 ···························· 154

　　　　5.4.4　约束条件 ···························· 155

　　　　5.4.5　模型基础参数确定 ························ 158

　　　　5.4.6　模拟优化调控情境设置 ····················· 165

　　　　5.4.7　优化求解方法 ·························· 167

　　5.5　面向石羊河流域生态健康的水文生态格局调控分析结果········ 168

　　5.6　面向石羊河流域生态健康的水文生态格局调控推荐方案及对策
　　　　建议 ································· 174

　　　　5.6.1　调控推荐方案 ·························· 174

　　　　5.6.2　调控对策建议 ·························· 175

　　5.7　本章小结 ······························ 177

第 6 章　结论与展望 ···························· 179

　　6.1　主要结论 ······························ 179

　　6.2　主要创新成果 ··························· 181

　　6.3　不足与展望 ···························· 182

参考文献 ································· 184

第 1 章

绪论

1.1 研究目的及意义

1.1.1 问题的提出

水是支撑地球生命系统的重要基础,是生态环境的核心要素,水文循环与生态环境的协同发展不仅为维持人类社会经济发展提供了所需的必要资源,还对维持自然生态系统功能与结构稳定起到了至关重要的作用[1]。作为主要以山区降水和冰雪融水补给为基础的内陆河流域,由于主要分布在干旱和半干旱地区,水资源数量上的短缺及较大的时空分布异质性决定了其生态系统本底的脆弱性[2],使内陆河流域成为全球水文生态敏感脆弱区[3]。随着全球气候变化的不断加剧,以及伴随人类社会高速发展所带来的对流域水土资源的大肆开发,干旱内陆河流域水循环过程与生态格局发生了深刻变化;尤其是社会经济用水的快速增长大量挤占了生态用水,致使干旱内陆河流域社会经济发展与生态环境保护之间的矛盾日益凸显,许多内陆河流域出现了严重的生态退化问题,包括河流断流、土地荒漠化、土地盐碱化、尾闾湖泊出现萎缩甚至干涸,例如中亚地区的咸海、伊朗的乌尔米湖、中非的乍得湖、我国西北地区的罗布泊等。生态退化现象严重威胁了内陆河流域的生态系统健康与稳定,成为了实现流域可持续发展的主要阻碍[4,5]。尽管内陆河流域主要集中分布在干旱与半干旱地区,约占全球陆地面积的 11.4%,径流总量仅占全球径流总量的 2%左右,但却有全球近 6% 的人口聚集生活在干旱内陆河流域内[5,6]。因此,如何科学保障干旱内陆河流域水资源和生态环境健康与安全稳定,不仅是当前的研究热点议题之一,也对实现全球可持续发展、维系社会和谐稳定具有重要意义[7]。

早期人类为解决干旱内陆河流域出现的水资源与生态环境问题,一般采用两种较为极端的研究与调控方式:一是水利工程师与水文学家专注于利用水利工程实施水利调度,通过控制与调配水资源,以满足流域社会经济用水和水旱灾害的防治;二是生态学家致力于通过恢复与重建受损或丧失的自然生态系统,即采取生态修复等生态措施,以解决流域出现的水资源与生态环境问题[8]。但从单学科的角度出发开展研究与调控工作很难摆脱其自身的局限性,导致人类虽采取了很多调控手段,却没有达到预期目的[9]。随着以围绕流域水文循环与生态过程耦合关系与互馈机制为主要研究内容的生态水文学的提出建立与大力发展,生态水文学逐渐成为指导解决干旱内陆河流域水文与生态环境问题的核心理论依据[10]。在此背景下,人类通过借助生态水文学开始逐步尝试深入理解与揭示流域水文生态相互作用的过程机理与反馈机制,综合水利调度与生态修复等措施,从根本上解决流域水资源与生态环境问题。

水不仅是生态系统的重要组分,也是物质和能量传输的重要载体。因此,水文过程的变化对生态系统起到的塑造调节作用,是生态系统演替的主要驱动力之一[11],生物因素反过来对水文过程也起到了重塑与调控的作用[12];而人类活动的迅猛发展,如水利工程的修建、化肥农药的使用以及土地利用与土地覆被格局的强烈变化,成为影响和改变流域水文循环与生态过程的重要因素。在一定地貌格局控制与人类活动的综合影响下,水文过程与生态过程二者相互促进、相互制约,在一定时间与空间上发生耦合,形成了具有地域特色的水文生态格局[13]。流域水文生态格局制约着生态需水的时空分异及满足程度,而生态需水的核算又是流域水文生态调控的关键所在[14]。因此,科学有效地识别与划分流域水文生态格局是明确流域主要生态保护目标的重要前提,是制定高效均衡的流域水文生态调控保护策略的关键基础,尤其是对于水资源本就极度稀缺的干旱内陆河流域。但目前对于科学合理识别与划分干旱内陆河流域水文生态格局的研究相对较少。

如何科学合理地恢复与保护干旱内陆河流域尾闾绿洲是生态水文学及干旱内陆河流域水文生态格局调控的重要研究内容。干旱内陆河流域尾闾绿洲作为流域下游重要的天然生态屏障及流域水文生态格局的重要组成部分,其健康稳定对维系干旱内陆河流域生态环境健康具有至关重要的作用。为恢复内陆河流域下游破碎的生态系统,向尾闾湖泊绿洲进行生态输水已被诸多研究证实是一种实用且有效的治理措施[15]。在干旱内陆河尾闾绿洲恢复生态输水的研究中,评估尾闾绿洲生态输水效应的相关研究工作较多,而对生态输水所引起的绿洲恢复时空演变机理、尾闾绿洲恢复目标的系统评估以及生态输水量优化的研究工作相对较少。此外,如何通过结合流域水资源配置对流域水文生态格局进行调控,从而实现干旱内陆河流域整体的生态健康稳定,也是流域水文生态调控研究中仍待深入探究的问题。

1.1.2 研究意义

随着全球气候变化和人类活动的影响加剧,全球水循环与生态过程的时空分布均发生了显著变化,深刻影响了水文生态格局的形成与分布,使区域生态环境健康受到极大影响。如何从维系流域生态健康角度出发,识别干旱内陆河流域水文生态格局,明晰干旱内陆河流域重点保护目标,制定适合干旱内陆河流域水文生态格局调控对策,是未来干旱内陆河流域面临的重要课题。本书将对流域水文生态格局的形成与调控内涵开展分析研究,进一步丰富生态水文学理论与内涵。书中将分析构建适用于干旱内陆河流域水文生态格局划分的指标体系,可进一步丰富完善流域水文生态分区方法。本书的研究成果,可为干旱内陆河流域及其尾闾绿洲的水文生态保护综合管理与实践提供科学依据,具有重要指导意义;书中所提出的具体研究技术框架,可供国内外干旱内陆河流域水文生态治理借鉴,具有一定的现实意义。

1.2 国内外研究进展

1.2.1 流域水文生态格局划分研究进展

流域水文生态格局划分,又可称为流域水文生态分区,是在对流域水文生态系统客观认识的基础上,以生态水文学和陆地生态系统科学为理论支撑,将流域自然水文生态系统的相似性与差异性规律,以及人类活动对于流域水文生态系统的干扰作为划分依据,通过借助地理信息系统的空间分析功能,对流域进行水文生态空间单元的划分[16-18]。流域水文生态格局划分不仅可为区域灾害预防、资源开发等诸多方面提供参考,同样也是流域水文生态系统科学调控的重要基础[19]。

国际上对流域水文生态格局进行划分并依此开展流域综合管理的相关研究相比于国内起步较早。先后有学者对诸如田纳西河流域在内的多个美国境内流域开展了水文生态格局划分研究[20,21],这些研究主要以流域内的地形地貌、土壤类型、土地利用以及潜在植被作为划分依据,对流域水文生态格局进行四级划分。其中,Frissell等人[22]基于流域地形、生态以及生物等要素的空间异质性特征,提出了流域水文生态层次化分类系统框架,许多学者依托此框架对欧洲的诸多地区和流域,"从上到下"按等级框架对水生态系统开展分析研究[23-27]。另有部分学者在综合考量流域气候、地理以及植被相关要素对流域水文生态系统影响的基础上,对澳大利亚诸多流域开展了水文生态分区研究[28-30]。综合上述国外学者对于流域水文生态分区的相关研究可以看出,流域水文生态格局的划分需要综合考量流域内水文和生态系统的特征,以此为基础根据水文系统的潜在影响来"以水定陆",以生态系统为管理单元进行"以陆控水"[19]。

国内对于流域水文生态格局划分的研究主要经历了由内涵概念的探究与外沿的借鉴辨析,到不同空间尺度的水文生态格局类型划分实际应用的过程[31-33]。诸多国内学者立足于水文生态格局的概念阐释,在综合借鉴水文分区[34]、生态分区[35,36]、水功能区划等分区理论[37]的基础上,基于不同流域气候水文、地形地貌、植被与人类活动等多方面的指标,构建流域尺度的水文生态格局划分指标体系,利用大尺度数据统计与聚类分析划定流域水文生态格局[38-40]。潘妮等人[38]在综合考虑流域水文分区中涉及的自然生态、社会经济等影响因子的基础上,构建了水文生态分区指标体系,借助基于模糊系统的逼近理想算法模型(TOPSISFS),对云南省进行了水文生态格局划分,分区结果与研究区实际的生态环境功能基本一致,为当地生态建设和环境保护提供了科学参考。张晶等人[39]提出了基于纬度、集水面积等空间因素以及流域主导生态功能的两级水文生态格局区划方法,并根据河流所属水文生态分区构建了特定河流健康评价指标体系,对沱沱河、年楚河、伊河等5个流域进行了水文生态格局划分,明确了建立不同河流健康评价指标体系的侧重点。高喆等人[41]以滇池流域为例,基于流域水文生态主导功能、水文完整性、生态系统服务功能、地域分异规律及尺度效应等相关理论,通过识别影响滇池流域水文生态功能的关键因素,构建了滇池流域水文生态分区的指标体系,通过对综合指标进行空间叠加聚类,将滇池流域划分为 5 个一级水文生态区和 10 个二级水文生态区。

在流域水文生态格局划分内涵概念界定和分区方法逐渐系统明晰后,许多学者以流域水文生态格局划分为基础,结合流域水文生态系统实际存在的问题,有针对性地开展了调控分析研究[18,19,42,43]。邓铭江[42]在对西北调水方案分析的基础上,提出了西北"水三线"建设的空间格局及水资源配置方略,为支持西北地区社会经济稳定可持续发展和"一带一路"建设提供了水资源保障。李丽琴等[43]通过识别耦合内陆干旱区水循环与生态演变作用机理,构建了基于生态水文阈值调控的水资源多维均衡配置模型,为内陆干旱区水资源的合理利用提供了科学参考。

1.2.2 干旱内陆河流域尾闾绿洲水文生态恢复研究进展

1.2.2.1 生态输水驱动下尾闾绿洲恢复水文生态响应研究

水作为最关键的生态因子,是干旱内陆河流域绿洲生态系统形成、发展与稳定的基础[44]。但长期以来,不合理的水资源开发利用,使干旱内陆河流域社会经济与生态环境用水矛盾极为突出;诸如中国西北地区的塔里木河、黑河和石羊河,以及中亚地区的咸海,均表现出流域上中游绿洲的发展,常常是以下游天然绿洲大面积的土地荒漠化和尾闾湖泊萎缩甚至干涸为代价的特点[45]。而作为干旱内陆河流域重要的天然生态屏障,尾闾绿洲对于缺水地区的可持续发展至关重要,因此,如何科学有效地保护与恢复干旱内陆河流域尾闾绿洲成为诸多专家学者所关注的研究热点[46]。

由于人们对导致生物多样性迅速减少的严重景观破碎化背后的过程与机制的了解十分有限,致使退化尾闾绿洲生态系统恢复具有一定的挑战与困难[47]。为恢复干旱内陆河流域下游破碎的生态系统,推动流域可持续发展,对尾闾绿洲采取应急输水已成为有效的防治措施与手段之一[48]。生态输水是水资源在工程系统和自然系统之间的再分配,是恢复退化生态系统的一种有效方式[49]。截至目前,国外对于应急生态输水的相关研究和报道相对较少,相关的诸多研究仍主要集中在我国西北干旱区的内陆河流域。

自 21 世纪初以来,为恢复干旱内陆河流域下游已严重退化的生态系统,我国先后对塔里木河、黑河以及石羊河流域开展了生态输水工程,有效恢复了当地的生态环境[50-55]。生态输水对内陆河流域水文生态过程影响的相关研究系统地阐述了内陆河下游生态系统对生态输水的响应[56,57]。以塔里木河为例,在第 4 次对流域下游实施生态输水后,塔里木河流域下游地下水位显著抬升,地下水埋深从 9.87 m 缩减至 2.66 m[50],保护了下游河岸带处于濒危状态的胡杨林;距离河道越近,地下水水位抬升效果越明显,植被的生态响应越强[58,59]。相关研究成果增进了对内陆河流域水文生态过程及其相互作用机理的认知,进一步推动了干旱内陆河流域整体的生态恢复、环境保护与水资源管理。

针对内陆河流域尾闾绿洲,诸多学者通过野外实地调查、遥感解译等手段,从不同角度分析评估了尾闾绿洲对人工输水的水文生态响应。此类研究一方面通常基于实测地下水埋深数据和遥感影像,通过对输水后尾闾绿洲地下水位与所恢复形成的尾闾湖泊水面面积进行时空演变趋势分析,以评价生态输水工程的水文效应[60-62]。另一方面,常采用归一化植被指数和植被覆盖度对生态输水后植被的时空变化特征进行分析,评估输水工程所带来的生态效应[63,64]。结果表明,生态输水工程的实施,恢复了尾闾湖泊原有的水面,有效抬升了区域浅层地下水位,形成了从绿洲中心到沙漠边缘地下水埋深呈梯度增加的空间分布格局[62];可利用水量的增加有效缓解了对尾闾绿洲植被的水分胁迫,进而促进了绿洲植被覆盖面积的增加以及物种多样性的提升[55,61]。科学系统地评估干旱内陆河流域尾闾绿洲对生态输水的水文生态响应程度,对指导流域中下游生态系统恢复、环境保护和水资源管理具有重要意义。

1.2.2.2　干旱内陆河流域生态输水量调控研究

生态输水工程通过补给浅层地下水可有效促进干旱内陆河尾闾绿洲的恢复。已有研究表明,绿洲恢复对生态输水十分敏感[65-68],然而目前对于评估绿洲恢复所需的生态输水合理目标研究却较少受到关注。恢复并维持干旱内陆河流域尾闾绿洲的生态环境需要更多的生态用水,而生态用水量的增多则可能进一步加剧干旱内陆河流域自然和社会经济系统之间原本的用水矛盾。鉴于干旱内陆河流域水资源总量极为稀缺,将绿洲恢复至原始天然最佳状态通常是不现实的。因此,合理的恢复目标对于流域整体的水资源管理和环境保护具有极强的现实指导意义[59]。

许多研究在考虑植被对于地下水依赖程度的基础上,通过估算植被生长的适宜和临界地下水埋深,将其作为生态输水建议的调控目标[101,69]。这些研究往往缺乏对于生态输水复杂的水文生态效应机理的讨论,而这对于绿洲的恢复与保护而言往往至关重要[70];一些研究还忽视了绿洲水文过程与生态过程之间的复杂相互作用及动态关系,以较为单一且静态的视角对尾闾绿洲所需生态输水的合理调控目标进行评判,缺乏通过动态模拟生态输水驱动下的绿洲水文生态响应,全面系统地评估尾闾绿洲生态输水调控目标。

为分析干旱内陆河流域区域水文生态过程,描述水文过程与生态过程之间的相互作用,一些学者通过构建生态水文模型来评估和预测生态输水对绿洲恢复的影响。例如,通过耦合地下水运动过程与植被动态变化过程,构建了干旱区河岸植被水文生态演化模型[71];地下水运动分析计算采用 Boussinesq 方程,植被动态分析计算采用生长与死亡函数。或将修正后的 MODFLOW 模型与植被动态模块进行耦合,构建了一种完全分布式的生态水文模型[72]。在这些生态水文模型中,地下水埋深是决定植被生长与死亡的关键因素;作为反馈,地下水埋深也受植被蒸腾作用和浅层含水层的影响。模型通常将模拟区域离散成空间网格,在网格内模拟水文因子与生态因子的相互作用[71,72]。

1.2.3 流域水文生态调控研究进展

为解决伴随社会经济高速发展产生的社会经济用水与生态用水矛盾造成的区域生态环境问题,实现全球可持续发展,水文生态调控逐渐成为众多专家学者所关注的研究议题[73]。水文生态调控作为从根本上解决流域水资源与生态环境问题的基本手段与重要途径,其核心科学理论基础是生态水文学[73,74],因此水文生态调控的研究进程与生态水文学的发展息息相关。

从时间发展上来看,20 世纪 90 年代随着生态水文学学科系统的稳步建立,专家学者们在明晰了生态水文学的基本概念、范畴与研究内容的基础上[75],开始逐步过渡到理论实践应用,针对如湿地[76,77]、森林[78,79]、江河湖泊[80,81]等流域中部分特定生态系统,开展了一系列的水文生态相互作用与调控分析研究。虽然伴随着生态水文学的发展,其研究关注的是如全球尺度等更大的空间范围,但流域尺度的调控与管理研究是生态水文学最为关注的核心范围[82]。这是由于在流域尺度上,与人类社会可持续发展相关联的调控与管理目标相对最为明确,也易于根据目标确定适宜的生态系统结构,并综合协调多种生态系统服务。因此,以流域尺度为研究范围的流域水文生态调控研究逐渐成为生态水文学研究的热点。

国际上澳大利亚在墨累-达令河(Murray-Darling River)较早地开展了全流域水文生态调控的相关研究[83],其在考虑流域内生态系统用水的前提下,通过对流域指定河道实行配水规划,以解决流域较为突出的水与生态环境问题。此项研究极大地推动了后续以生态水文学为基础的流域水文生态调控理论研究与实践工作的开展。2002年,我国示范性地率先以海河流域为例,通过实施《海河流域水资源综合规划》以及《海河流域生态环境恢复水资源保障规划》,从整个流域视角对海河流域水文生态开展了综合系统性的调控管理[84,85];其中,制定了"以流域为整体,河系为单元,山区重点保护,平原重点修复"的总体方针,确立了山区以水土保持与水源涵养为主体、平原以修复河流湿地生态功能和改善地下水环境为核心、滨海以维护河口生态为重点的生态修复格局,经过十余年的调控与发展,流域内水生态环境出现明显改善[86]。而后,Harper和Zalewski等人[87]在2008年通过完善生态水文学的内涵表达,第一次从流域尺度系统论述了通过流域系统层面的生态-经济-社会的协调来实现高效、可持续管理的基本思想,其研究成果不仅完善了生态水文学的基本理论框架及内涵,同时也进一步夯实了流域水文生态调控的理论研究,促进了以此为基础的流域水文生态调控实践研究的发展。

在此之后,联合国教育、科学及文化组织(United Nations Educational, Scientific and Cultural Organization, UNESCO)在连续的两个5年计划中将生态水文学研究的重点落在可持续及流域协调管理上[88,89],强调了开展流域尺度的水文生态调控与管理对推动人类社会可持续发展的重要作用及意义。2010年左右我国开展的黑河流域生态-水文-经济协调集成研究,成为国际上流域生态水文学研究的典型范例,再次推动了流域水文生态调控研究的发展;其从流域整体出发,探讨了我国干旱内陆河流域生态-水-经济的相互联系,对包括气候变化和人类活动影响下流域生态-水文过程的响应机制等核心内容进行了深入研究[90-93]。随着近十几年全球陆地生态系统观测网络体系和遥感技术的发展及其在生态水文领域应用技术的不断进步,生态水文学在推动了大尺度水文生态规律等研究迅猛发展的同时,也为流域尺度水文生态调控研究的深入提供了有力的技术支持。

从具体研究内容上看,澳大利亚墨累-达令河流域水管理局[83],在全面系统地考虑和分析流域内整个生态系统,包括陆地生态系统和水生生态系统的需水时间和需水量的基础上,结合现有用水户的用水需求及未来的需水要求,评价了流域水资源满足程度,以最大社会经济效益、最小环境负效益为优化配水目标,通过重新规划调节分配墨累-达令河的水资源量,以达到对整个流域水文生态进行调控的目的。粟晓玲[94]通过提出面向生态的流域水资源合理配置的相关概念、原则、目标与机制,建立了干旱区面向生态的水资源合理配置研究框架体系与模型,将生态需水作为水资源配置需水结构中的重要组成部分,通过协调流域生态与经济效益,借助水资源模拟优化技术手段,解决流域社会经济与生态系统之间以及流域上下游之间的用水矛盾。Zalewski、陈月庆等学者[95-98]均在研究中指出通过修建人工湿地等生态工程或对天然陆地生态系统进行修复,利用诸如湿地的源、汇和滞后等水文连通功能,不仅可以调节流域水量、改善流域水质,还可在一定程度上降低流域水旱灾害发生的风险。

1.2.4 存在的不足与挑战

综上所述,虽然关于流域水文生态格局划分、干旱内陆河流域尾闾绿洲水文生态恢复、流域水文生态调控等流域水文生态格局演变与调控的相关研究取得了丰硕的成果,但当前仍存在以下几点不足。

(1) 针对干旱内陆河流域的水文生态格局划分研究缺乏

通过对流域进行科学合理的水文生态格局划分,可较为全面系统地揭示流域水文和生态系统的空间特征,剖析流域所存在的水文生态问题,这是开展流域水文生态综合调控的重要基础。但当前流域水文生态格局划分研究还主要侧重于生态环境承载力较高的大型流域或省市尺度,对于水文生态环境极为脆弱的干旱内陆河流域的研究还相对较少,适用于干旱内陆河流域水文生态格局划分的指标体系构建还不够完善;此外,一些研究在选取指标构建水文生态格局划分指标体系时,只是基于研究区已表现出的水文生态特点,对分区指标进行简单的选取罗列,并没有在较为系统地分析流域不同水文生态要素之间相互作用与联系的基础上,构建流域水文生态格局划分指标体系,这方面的研究还有待加强。

(2)尾闾绿洲空间格局复杂性研究尚显不足

生态输水通过抬升浅层地下水位,增加植被水资源的可利用性,使尾闾绿洲植被的增长率、生物量和物种多样性出现明显增长。这一系列的水文生态变化会导致尾闾绿洲覆被出现明显变化。作为可用于表征绿洲覆被变化的指标,空间格局复杂性主要涉及两方面:一方面是以绿洲覆被组分为重点的成分复杂性,另一方面是以绿洲覆被配置为重点的空间复杂性,即由不同覆被组分所组合形成的空间结构。空间异质性与复杂性是生态系统重要的属性[99],影响着生物多样性、空间格局复杂性和生态系统服务功能[100],尤其是对于土地覆被空间异质性较大的干旱内陆河流域恢复后的尾闾绿洲。在干旱内陆河流域,浅层地下水可利用程度是影响植被生长的关键环境因素[101]。地下水埋深的非均匀分布以及土壤质地、盐分和养分水平等因素都会影响到植被的空间分布格局。植被空间格局的动态变化,会导致绿洲空间格局复杂性发生演变。考虑到一个地区的空间格局复杂性与当地植被多样性和动物的分布等生态系统复杂性特征有关[102],而生态系统复杂性又是可作为表征生态系统成熟度或组织程度的重要指标[99,103]。因此,科学评估生态输水对尾闾绿洲空间格局复杂性的影响,对于深入了解并分析生态输水所引起的绿洲覆被变化背后的机制具有十分重要的意义,也可进一步为绿洲的恢复及保护提供科学依据。目前国内外对于生态输水后尾闾绿洲恢复时空演变分析研究中,针对空间格局复杂性的研究还尚显不足,缺乏对于生态输水是如何影响尾闾绿洲覆被组成和配置变化的了解。

(3)干旱内陆河流域生态输水量缺乏直接高效的优化方法

过往为优化干旱内陆河流域生态输水量所构建的绿洲生态水文模型,部分是基于物理与空间分布的,如基于 GIS 基础的 Soil and Water Assessment Tool(SWAT)模型[104],耦合有 General Eco-Hydrological Module(GEHM)模块的 coupled Groundwater and Surface-water FLOW model - General Eco-Hydrological Module(GSFLOW - GEHM)模型[105]、采用双向耦合方法提出的

Ecology module for a Grid-based Integrated Surface and groundwater Model (Eco-GISMOD)模型[106]等,此类模型结构相对复杂,导致计算过程也较为复杂。此外,这些模型很少直接建立绿洲面积与生态输水之间的联系,更多在于模拟不同输水条件下绿洲植被指数的变化,不便于模拟绿洲的整体恢复情况。而概念性集总式生态水文模型相比于物理模型,其模型结构更为简单,并且能够描述绿洲整体的水文生态过程[107],但不足的地方在于其忽略了对于空间上的动态模拟。因此,亟须建立一种系统全面且更为简单直接、高效实用的模型,用于综合量化生态输水对干旱内陆河流域尾闾绿洲水文生态系统的影响,科学合理地评定尾闾绿洲适宜的恢复目标,提高绿洲生态恢复与保护的水资源利用效率。

(4)流域水文生态调控缺乏从流域水文生态格局的角度开展系统研究

目前流域水文生态调控主要是基于水文-生态的耦合互馈机制,通过权衡和发挥流域水资源与生态系统服务功能而开展的[73,82]。常用的方法一方面是通过对流域水量、水质及水文情势等水文因素进行分配与调节,从而影响流域生态系统的生态过程;另一方面则利用生态调节,通过修复或重建陆生生态系统和湿地生态系统格局,充分发挥生态系统的水文调节、水土保持以及水质净化等服务功能,进而影响流域的水文过程,起到对流域水文系统的调节作用[73]。而目前对于流域水文生态格局调控的系统性研究还相对较少,尤其是水资源与生态环境问题较为突出的干旱内陆河流域。已有的相关流域水文生态调控研究很少从探究流域水文生态格局的角度,通过系统考虑与分析流域水文生态特征分异,分析流域水文生态保护目标,从而有针对性地开展流域水文生态系统调控,使流域生态系统步入健康的发展轨道。

1.3 研究内容与技术路线

1.3.1 主要研究内容

本书以理论方法探析与实例分析相结合的方式开展研究。通过分析流域水文生态格局的形成与调控内涵,建立干旱内陆河流域水文生态格局区域划分、基于水文生态模拟的尾闾绿洲恢复生态输水量优化和面向流域生态健康的水文生态格局调控等研究框架,旨在探究流域水文生态格局调控理论依据的同时,为调控研究的开展提供技术指导。以典型干旱内陆河石羊河流域为例,开展干旱内陆河流域水文生态格局演变与调控实例分析研究,包括干旱内陆河流域气候、水资源开发利用及生态健康状况演变特征分析和流域水文与生态格局时空演变及驱动分析,旨在为构建适用于干旱内陆河流域水文生态格局划分指标体系、科学划分流域水文生态格局及剖析流域主要生态保护目标提供科学基础。评估干旱内陆河流域重点生态保护目标尾闾绿洲的适宜恢复目标及生态输水量,结合流域水文生态分区,开展对干旱内陆河流域水文生态格局的调控研究。

具体研究内容如下:

(1)干旱内陆河流域气候、水资源开发利用及生态健康状况演变分析

系统介绍研究区石羊河流域及其尾闾青土湖绿洲的基本概况、研究所涉及的各项数据及预处理过程。通过借助不同的统计分析方法,探究石羊河流域气候、水资源开发利用以及生态健康状况的时空演变过程及特征。

(2)干旱内陆河流域水文生态格局时空演变与划分研究

探讨流域水文生态格局形成与划分的基本内涵,建立干旱内陆河流域水文生态格局区域划分基本框架。分析石羊河流域水文与生态格局组成结构及时空演变特征,剖析影响流域生态格局形成与演变的主要驱动因素。以此为基础结合石羊河流域气候、水文与生态总体特征,构建干旱内陆河流域水文生态格局划分指标体系,对石羊河流域开展水文生态分区研究,探讨流域主要生态保护目标。

(3)干旱内陆河流域尾闾绿洲恢复时空演变及生态输水量优化研究

构建基于水文生态模拟的尾闾绿洲恢复生态输水量优化研究框架。根据流域水文生态分区研究得到的石羊河流域主要生态保护目标分析结果,针对尾闾湖绿洲这一干旱内陆河流域重点保护目标,分析并讨论生态输水驱动下青土湖绿洲恢复时空演变特征与演变机理。通过构建尾闾绿洲生态水文模型,深入剖析生态输水复杂的水文生态效应,优化青土湖绿洲适宜生态输水量与恢复目标。

(4)面向干旱内陆河流域生态健康的水文生态格局调控研究

尝试提出流域水文生态格局调控的内涵,归纳与提炼流域水文生态格局调控的理论基础,提出并阐述面向流域生态健康的水文生态格局调控框架。以石羊河流域水文生态分区及青土湖绿洲适宜生态输水量分析结果为基础,探讨面向流域生态健康的水文生态格局调控原则与目标,构建以水资源配置为内核、结合流域生态健康评价的流域水文生态格局调控模型,对石羊河流域水文生态

格局调控开展具体分析并提出对策建议。

1.3.2　技术路线

在阅读大量相关国内外参考文献的基础上,通过相关实地调研与资料收集,采用理论方法研究与实例分析相结合的手段,综合统计分析与数值模拟等途径,以典型干旱内陆河石羊河流域为研究对象,在流域水文生态格局演变与调控方面开展深入研究。具体技术路线如图 1.1 所示。

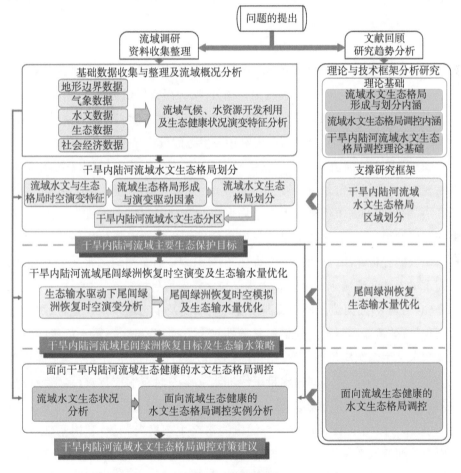

图 1.1　技术路线图

该技术路线主要由四个层次构成:基础数据收集与整理及流域概况分析、

干旱内陆河流域水文生态格局划分、干旱内陆河流域尾闾绿洲恢复时空演变及生态输水量优化、面向干旱内陆河流域生态健康的水文生态格局调控。本书研究以干旱内陆河流域水文生态格局调控为目标,流域气候、水资源开发利用、生态健康状况演变特征、水文生态格局时空演变与驱动分析是流域水文生态格局划分与分区指标体系构建的基础;流域水文生态格局的划分是明确尾闾绿洲为干旱内陆河流域主要生态保护目标,并对其恢复生态输水量开展优化分析的前提;尾闾绿洲恢复生态输水量优化为流域水文生态格局调控提供了支撑;基于面向流域生态健康的水文生态格局调控分析,提出干旱内陆河流域水文生态格局管理的对策建议。

技术路线各层次的具体研究内容如下:

(1)基础数据收集与整理及流域概况分析:通过对研究区基础地理信息、气象、水文、生态和社会经济数据的收集与预处理,为研究提供数据基础;采用趋势性分析、周期性分析、水资源开发利用程度以及流域生态健康评估等统计分析手段,探究石羊河流域气候、水资源开发利用及生态健康状况时空演变过程。

(2)干旱内陆河流域水文生态格局划分:基于研究区气候、水文与生态时空演变特征,采用可定量分析空间格局驱动力的地理探测器(GeoDetector)统计算法,剖析驱动石羊河流域生态格局形成与演变的主要因素;以特征分析和驱动分析结果为基础,构建干旱内陆河流域水文生态分区指标体系,运用迭代自组织数据分析算法(ISODATA 动态聚类法)划定石羊河流域水文生态分区,探究干旱内陆河流域水文生态总体特点与主要保护目标。

(3)干旱内陆河流域尾闾绿洲恢复时空演变及生态输水量优化:从绿洲水面面积、植被覆盖和绿洲空间格局复杂性三个方面,分析生态输水后尾闾绿洲恢复的水文生态响应特征;通过构建耦合有元胞自动机的尾闾绿洲概念性集总式生态水文模型,模拟不同输水量下绿洲水文生态时空响应,结合多情境设置与多目标优化,探究青土湖绿洲适宜生态输水量和恢复目标。

(4)面向干旱内陆河流域生态健康的水文生态格局调控:利用基础数据,分析石羊河流域水文生态现状及存在问题,结合流域水文生态分区及主要生态保护目标,通过构建以水资源配置为内核、结合流域生态健康评价的流域水文生态格局调控模型,探究不同情境下水文生态格局优化结果和流域生态健康程度,提出干旱内陆河流域水文生态格局调控管理的对策建议。

第 2 章

研究区域数据处理与特征分析

　　全球气候变化与高强度的人类活动深刻影响了干旱内陆河流域水文与生态格局的形成与演变。全面系统地分析干旱内陆河流域气候、水资源开发利用及生态健康状况演变过程与演变特征,是科学判别干旱内陆河流域水文生态格局、探究流域水文生态格局调控目标的重要基础。本章以石羊河流域为研究区域,系统介绍了研究所需的各项数据资料及预处理过程;在详细介绍石羊河流域及其尾闾青土湖绿洲区域基本概况的基础上,剖析流域气候、水资源开发利用以及生态健康状况的演变特征,为流域水文生态格局的识别及其调控目标的制定提供重要基础。

2.1　研究区域基本概况

2.1.1　石羊河流域基本概况

2.1.1.1　地理位置

　　石羊河流域作为我国河西走廊三大内陆河流域之一,地处祁连山北麓,乌鞘岭以西,流域东北部位于腾格里沙漠与巴丹吉林沙漠之间,地理位置为东经 $101°22'\sim104°16'$,北纬 $36°29'\sim39°27'$ 之间;流域西北大部毗邻张掖市,北部及东北部区域与内蒙古自治区接壤,东南部与兰州、白银两市相连,西南部紧邻青海省[94]。研究区总面积约 3.95 万 km^2,研究区内涉及的行政区划共计 3 市 8

县,包括武威市的民勤县、凉州区、古浪县全部和天祝藏族自治县部分地区,金昌市的金川区和永昌县全部,以及张掖市肃南裕固族自治县和山丹县的部分地区。石羊河流域如图2.1所示。

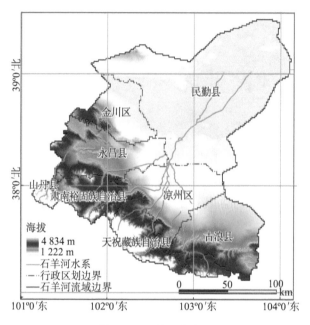

图 2.1 石羊河流域图

2.1.1.2 地形地貌

石羊河流域位于河西走廊东段,流域内地势南高北低,自西南向东北倾斜。流域在整体上可大致分为三个地貌单元,分别为:南部祁连山区、中部祁连山山前走廊绿洲平原区和北部低山丘陵荒漠区[108]。

南部祁连山区,海拔高度为2 700~4 834 m,主要由东南-西北向的高山和中高山组成。山区常年有冰川及积雪分布,雪线4 200 m以上有现代冰川分布,可见冰斗、冰槽谷等明显的冰蚀地貌。雪线以下山坡陡峭,岩石裸露,河网密布,多呈U形河谷,原始森林多分布在海拔2 700~3 500 m山地,此处为流域地表水资源主要的产流区。

中部祁连山山前走廊绿洲平原区,是石羊河流域主要的绿洲灌溉区,海拔在1 400~2 500 m;该区域东起古浪土门、大靖,中部为武威山前平原,西至永昌县水磨关,包括民勤县的平原区。整个区域由凸起于中部的韩母山、红崖山和阿拉古山将其分隔为南北盆地,南盆地包括大靖、武威、永昌三个盆地,海拔 1 400～2 000 m,北盆地包括民勤—潮水盆地、金川—昌宁盆地,海拔 1 300～1 400 m。

北部低山丘陵荒漠区为低矮的趋于准平原化、荒漠化的低山丘陵区,海拔均在 2 000 m 以下,主要为凉州区东部及东北部的八十里大沙和二十里大沙,古浪县北部的沙漠区和民勤县境内周边的沙漠及其四周分布的低山丘陵;区域内多为缓平的山坡,植被稀少,风沙地貌明显。

2.1.1.3　气候条件

石羊河流域总体上属大陆性温带干旱气候,流域内呈现太阳辐射强、日照充足,夏季短而炎热、冬季长而寒冷,温差大、降水少、蒸发强烈、空气干燥等明显的气候特征。但因流域内地形较为复杂、地势差异悬殊,流域内从南至北又可大致分为三个气候区。南部祁连山区属高寒半干旱半湿润气候,年降水量300～600 mm,年蒸发量 700～1 200 mm,年平均气温 1.5～2.0℃,相对湿度约为 60%,无霜期约为 100 d。中部祁连山山前走廊绿洲平原区属温带干旱荒漠与半荒漠气候,降水量常年保持在 150～300 mm,年蒸发量可达 1 300～2 000 mm,气候温冷,夏季炎热、冬季酷寒,夏短冬长。北部低山丘陵荒漠区属干旱荒漠气候,年降水量小于 150 mm,年蒸发量则高达 2 000～2 600 mm,整体上呈现出气候干燥,夏季短而炎热、冬季长而寒冷的气候特点[109]。

2.1.1.4　河流水系

石羊河水系源起于南部祁连山区,由诸多支流自西南流向东北,最终汇合流入尾闾青土湖;流域水系整体上呈帚状,呈现出典型的内陆河水系特征。主要支流自东向西依次为大靖河、古浪河、黄羊河、杂木河、金塔河、西营河、东大河及西大河共八条河流。河流主要依靠祁连山区大气降水和冰川融水作为补给来源,产流面积约 1.1 万 km²[110]。

石羊河流域按水文地质单元又可以分为 3 个独立的子水系,即西大河水系、六河水系以及大靖河水系。西大河水系上游主要由西大河与部分东大河来水组成,隶属永昌盆地,其水量在该盆地内利用与转化后,汇入金川峡水库,经下泄进入金川—昌宁盆地,在该盆地内全部被消耗利用;六河水系上游主要由古浪河、黄羊河、杂木河、金塔河、西营河与部分东大河来水组成,隶属武威盆地,其水量在该盆地内经开发利用与转化,最终在武威盆地边缘汇聚成石羊河,并汇入红崖山水库,经下泄进入民勤盆地,石羊河水量在该盆地内全部被消耗和利用;大靖河水系主要由大靖河组成,属大靖盆地,其水量在该盆地内转化利用[108]。石羊河流域水系及水利关系如图 2.2 所示。

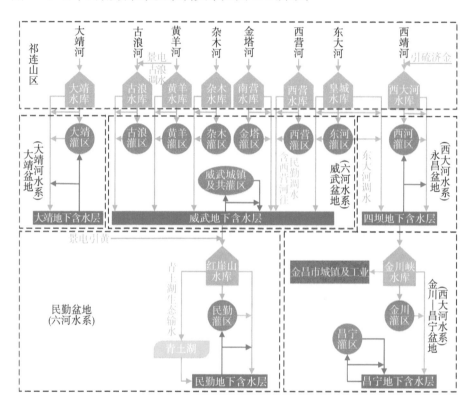

图 2.2　石羊河流域水系及水利关系图(根据《石羊河流域重点治理规划》[110]及王磊等人[111]研究成果修改,图中由上至下为由上游至下游)

2.1.1.5　自然植被

石羊河流域自然植被分布具有明显的水平、垂直分异。南部祁连山区主要分布有冰雪寒冬垫状植被、高寒草甸、灌丛草甸、森林及灌丛,区域内植被在水量平衡方面起到了重要的调蓄作用,是全流域水源涵养区和产流区;中部祁连山山前走廊绿洲平原区由于是石羊河流域绿洲灌溉区主要所在区域,该区域内植被主要由天然植被,如荒漠植被、草甸、盐生草甸和沼泽植被,以及人工植被构成;北部低山丘陵荒漠区则主要分布有旱生、超旱生、盐生灌木,半灌木和多年生草本植被,植被覆盖度较低,是石羊河流域的生态脆弱带[108]。

2.1.1.6　社会经济概况

石羊河流域行政区划主要分属武威、金昌两市。其中,武威市以农业为主,并在近些年依托葡萄酒为主的特色液体经济,逐步成为远近闻名的"中国葡萄酒城";金昌市是我国著名的有色金属生产基地,近些年在有色金属新材料、化工循环、新能源及装备制造三个重点产业领域发展迅猛,有色金属产品及深加工产业随之得到快速发展[108]。流域内交通便利,物产丰富,是河西走廊内陆地区经济较为繁荣的流域。截至 2019 年底,流域内总人口约为 184.11 万人,其中城镇人口 96.43 万人,农村人口 87.68 万人,城市化率达到 52.38%;流域国内生产总值(GDP)约为 850.17 亿元,工业总产值 305.28 亿元,农业总产值 184.19 亿元,人均 GDP 达到约 46 177 元,粮食总产量约 147.18 万吨[112]。

2.1.2　石羊河流域尾闾青土湖绿洲基本概况

石羊河流域尾闾青土湖绿洲地理位置如图 2.3 所示。青土湖作为石羊河

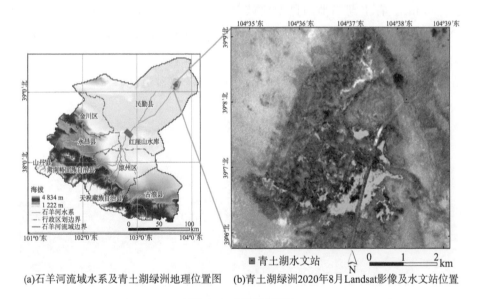

(a)石羊河流域水系及青土湖绿洲地理位置图　(b)青土湖绿洲2020年8月Landsat影像及水文站位置

图 2.3　研究区概况

的尾闾湖泊,位于甘肃省民勤县东北方向 70 km 处,毗邻腾格里沙漠与巴丹吉林沙漠。青土湖地处东亚季风边缘,属温带大陆性干旱沙漠气候;多年平均降水量约 110 mm,主要集中在 7~9 月,而多年平均蒸发量可达 2 640 mm。青土湖地区多年平均气温约为 7.8℃,日照时长约达 3 181 h,无霜期为 168 d[62]。

早在 20 世纪初叶,青土湖湖泊面积曾达到约 120 km²[113]。然而,自 20 世纪 50 年代开始,随着中华人民共和国成立后社会经济的大力发展,石羊河流域中上游用水量急剧增大。水资源过度开发利用以及中游红崖山水库的建成运行,致使青土湖的入湖水量不断减少,最终造成青土湖面积逐渐萎缩并于 1959 年彻底干涸[114]。作为阻隔周边两大沙漠合拢的重要生态屏障,青土湖的干涸加速了石羊河流域下游的荒漠化进程,严重破坏了当地原有的生态环境。

为阻止腾格里沙漠和巴丹吉林沙漠两大沙漠合拢,恢复青土湖区域生态环境、增强其生态功能,当地政府于 2007 年开展实施《石羊河流域重点治理规划》,决定自 2010 年 9 月开始,每年从红崖山水库下泄一定水量,经人工灌渠对青土湖进行生态输水,旨在保护及恢复原青土湖区域 70 km² 范围的浅层地下水(<3 m)。青土湖当地的典型植被包括芦苇(*Phragmites australis*)、白刺(*Nitraria tangutorum*)、梭梭(*Haloxylon ammodendron*)、碱蓬(*Suaeda glauca*)等,其中芦苇为青土湖绿洲典型湿生植被,白刺为青土湖绿洲典型旱生植被。图 2.4 所示为生态输水后青土湖绿洲生态恢复近况。

(a) 绿洲中心水面及芦苇(摄于 2018 年 7 月)　　(b) 绿洲-荒漠过渡带(摄于 2018 年 7 月)

（c）绿洲边缘沙漠及白刺（摄于 2018 年 7 月）　　　（d）绿洲反季节输水（摄于 2019 年 9 月底）

图 2.4　生态输水后青土湖绿洲生态恢复近况

2.2　石羊河流域数据来源及预处理

收集石羊河流域各项水文、生态、社会经济等数据资料，分别用于第 2 章石羊河流域特征分析、第 3 章干旱内陆河流域水文生态格局时空演变与划分研究，以及第 5 章面向干旱内陆河流域生态健康的水文生态格局调控研究。具体数据资料及预处理过程如下。

2.2.1　流域地形数据

2.2.1.1　DEM 高程数据

选取石羊河流域 DEM 高程数据，主要用于以下两个方面：①作为协变量辅助气象要素空间插值，提高插值精度；②作为反映流域地形条件的要素指标，分别用于第 3 章石羊河流域生态格局形成与演变驱动分析以及流域水文生态格局的划分研究。DEM 数据采用美国国家航空航天局（National Aeronautics and Space Administration，NASA）提供的全球尺度，空间分辨率为 30 m 的 ASTER GDEM V3（Advanced Spaceborne Thermal Emission and Reflection Radiometer Global Digital Elevation Model Version 3）系列数据集。将 DEM 数据裁剪至可覆盖所有用于空间插值的气象站点的空间范围，将其空间分辨率重采样为 300 m，投影坐标系设置为 WGS84 Albers。

2.2.1.2　至河流及城镇距离数据

　　除反映海拔情况的 DEM 数据外,还选取了至河流距离和至城镇距离来共同反映石羊河流域的地形条件,用于分析石羊河流域生态格局形成与演变驱动因素。其中,至河流距离指流域栅格数据像元到河流像元的欧氏距离(Euclidean Distance),至城镇距离指流域像元到城镇中心点像元的欧氏距离。石羊河流域水系图及流域内所涉及的城镇中心点数据来自国家基础地理信息中心。基于获取到的空间矢量数据及流域边界矢量数据,通过分别计算研究区范围内其他像元至河流和城镇中心点像元的欧氏距离,得到流域内至河流距离和至城镇距离的空间栅格数据,空间分辨率设置为 300 m,投影坐标系为 WGS84 Albers。

2.2.2　流域土地利用数据

　　选取欧洲航天局(European Space Agency,ESA)提供的基于 WGS84 地理坐标系的空间分辨率为 300 m 的 CCI - LC(Climate Change Initiative - Land Cover)全球土地利用数据,时间序列为 2000—2020 年。该数据集具有较高的空间分辨率、较长的时间序列,并且在中国地区有着较好的土地利用分类精度[115],因此选择 CCI - LC 土地利用数据集作为石羊河流域土地利用基础数据。

　　利用石羊河流域边界矢量数据,对原始 CCI - LC 全球土地利用数据进行裁剪,得到石羊河流域土地利用数据。CCI - LC 原始数据将土地利用类型共分成 22 个大类,石羊河流域共涵盖其中的 18 个大类。参考已有的相关文献及研究区特征[115-117],将石羊河流域土地利用数据重分类为 6 大类,分别为:耕地、林地、草地、居民地、裸地和其他。土地利用类型重分类见表 2.1。

表 2.1　石羊河流域 CCI - LC 土地利用数据重分类

重分类类别		CCI - LC 土地覆盖分类
1. 耕地	10	雨养型耕地
	20	灌溉或水淹耕地
	30	以农田为主(盖度>50%)的农林牧交错带

续表

重分类类别		CCI-LC 土地覆盖分类
2. 林地	40	林灌草盖度＞50％的自然植被与农作物交错带
	50	盖度＞50％的常绿阔叶林
	60	盖度＞15％的落叶阔叶林
	61	盖度＞40％的密集落叶阔叶林
	70	盖度＞15％的常绿针叶林
	100	林地盖度＞50％的林草混交带
	170	咸水水淹林地
3. 草地	11	草本植被覆盖
	110	草本植被盖度＞50％的林灌草交错带
	120	灌丛
	122	落叶灌丛
	130	草地
	150	盖度＜15％的稀疏植被（林灌草）
	180	灌丛或草本植被覆盖的湿地
4. 居民地	190	城区
5. 裸地	200	裸地
	201	硬化的裸地
	202	未硬化的裸地
6. 其他	210	水体
	220	永久冰雪

作为表征流域生态状况的指标数据,石羊河流域土地利用数据主要用于:①评估石羊河流域生态健康状况;②分析石羊河流域生态格局组成及空间分布特征、流域生态格局形成与演变驱动因素;③石羊河流域水文生态格局划分研究;④作为主要调控变量,利用 2020 年石羊河流域土地利用数据,开展石羊河流域水文生态格局调控研究。

2.2.3　流域气象水文数据

2.2.3.1　气象数据

为分析石羊河流域气候条件时空演变特征,并为探究流域生态格局形成与演变驱动力以及流域水文生态格局的划分提供数据支持,本书选用了中国气象数据网的中国地面气候资料月值数据集。选取收集研究区范围内及其周边区域的共 151 个气象站点 1973—2020 年的月平均气温和月降水量数据,并统计各站点的年平均气温及年降水量,站点分布情况见图 2.5。

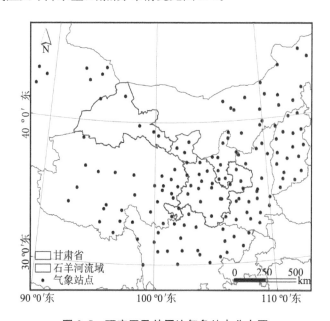

图 2.5　研究区及其周边气象站点分布图

选用基于局部薄盘光滑样条函数的 Anusplin 软件对气象数据进行空间插值,得到石羊河流域的气温、降水空间栅格数据。该软件可通过引入其他影响因子作为协变量,提高气象要素空间插值精度,因此被诸多学者广泛使用[118,119]。Anusplin 软件的插值原理、方法及详细步骤可参见相关文献[120,121]。利用所收集的 151 个气象站点的 1973—2020 年各年年平均气温和年降水量作为原始数据,选取全部气象站点所覆盖区域的 DEM(Digital Elevation Model)高程数据作为协变量,对所覆盖区域 1973—2020 年各年的年平均气温和年降水量进行空间插值,得到研究时段内各年年平均气温和年降水量的空间栅格数据,空间分辨率为 300 m,投影坐标系为 WGS84 Albers。

利用石羊河流域范围内气象站点的各年实测数据,对插值得到的空间栅格数据进行精度验证,见表 2.2。从表中可以看出,通过 Anusplin 插值得到的石羊河流域气象要素空间栅格数据精度较好,可用于后续相关分析工作。最后,利用研究区矢量边界数据对气象要素空间栅格数据进行裁剪,得到研究区1973—2020 年各年的年平均气温、年降水量空间栅格数据。

表 2.2　石羊河流域 1973—2020 年各年年均气温及年降水量空间插值精度验证结果

年份	年均气温			年降水量		
	R	$RMSE$（℃）	NSE	R	$RMSE$（mm）	NSE
1973	1.000	0.058	1.000	1.000	4.939	1.000
1974	1.000	0.084	1.000	1.000	7.384	0.998
1975	1.000	0.110	0.999	1.000	3.741	1.000
1976	1.000	0.057	1.000	0.997	15.241	0.994
1977	1.000	0.037	1.000	0.999	11.820	0.997
1978	1.000	0.039	1.000	0.995	23.810	0.989
1979	1.000	0.060	1.000	0.999	11.670	0.998
1980	1.000	0.070	1.000	0.999	7.098	1.000
1981	1.000	0.077	1.000	0.996	22.351	0.986
1982	1.000	0.062	1.000	1.000	5.576	0.999
1983	1.000	0.055	1.000	1.000	6.140	0.999
1984	1.000	0.073	1.000	0.999	14.134	0.993
1985	1.000	0.086	1.000	1.000	8.069	0.999
1986	1.000	0.074	1.000	0.998	15.489	0.993
1987	1.000	0.104	1.000	1.000	0.338	1.000
1988	1.000	0.088	1.000	0.995	29.402	0.985
1989	1.000	0.106	1.000	0.999	11.423	0.997
1990	1.000	0.100	1.000	1.000	3.255	1.000
1991	1.000	0.107	1.000	0.999	5.386	0.999
1992	1.000	0.087	1.000	0.998	16.265	0.995
1993	1.000	0.104	1.000	0.999	11.061	0.998
1994	1.000	0.107	1.000	1.000	5.460	1.000
1995	1.000	0.066	1.000	1.000	6.333	0.999
1996	1.000	0.100	1.000	1.000	6.160	0.999
1997	1.000	0.071	1.000	1.000	4.469	1.000
1998	1.000	0.107	1.000	1.000	3.300	1.000

年份	年均气温			年降水量		
	R	RMSE（℃）	NSE	R	RMSE（mm）	NSE
1999	1.000	0.148	0.999	1.000	2.568	1.000
2000	1.000	0.153	0.999	1.000	2.699	1.000
2001	1.000	0.113	1.000	0.998	13.720	0.995
2002	1.000	0.141	0.999	0.999	8.956	0.999
2003	1.000	0.148	0.999	1.000	4.709	1.000
2004	1.000	0.151	0.999	1.000	1.394	1.000
2005	1.000	0.140	0.999	0.999	9.187	0.998
2006	1.000	0.157	0.999	0.999	11.395	0.997
2007	1.000	0.140	0.999	1.000	8.230	0.999
2008	1.000	0.126	1.000	1.000	6.627	0.999
2009	1.000	0.162	0.999	0.999	10.046	0.997
2010	1.000	0.173	0.999	0.999	8.670	0.998
2011	1.000	0.084	1.000	1.000	7.651	0.999
2012	1.000	0.132	0.999	0.994	30.225	0.985
2013	1.000	0.131	1.000	0.996	13.617	0.991
2014	1.000	0.155	0.999	1.000	1.004	1.000
2015	1.000	0.123	1.000	0.999	9.130	0.998
2016	1.000	0.129	1.000	0.998	16.323	0.995
2017	1.000	0.191	0.999	0.999	9.720	0.998
2018	0.999	0.244	0.998	1.000	7.783	0.999
2019	0.999	0.230	0.999	0.999	13.275	0.998
2020	0.999	0.254	0.998	0.996	27.723	0.975

2.2.3.2 水文数据

（1）水资源量数据

根据实际数据资料的可获得性,选取石羊河流域 2000—2020 年多年平均径流深作为表征流域水文格局的特征指标,用于流域水文生态格局划分研究；选取地表水资源量、不重复地下水资源量以及跨流域调入水量作为分析石羊河流域水文情势演变,以及流域水文生态格局调控模型构建的主要指标数据。所有涉及流域水资源量的指标数据均来自研究时段内历年《甘肃省水资源公报》以及 2020 年《石羊河流域水资源公报》中相应的统计数据。其中,石羊河流域多年平均径流深是根据公报中所提供的各行政区多年平均径流量数据,通过与各行政区面积作比,得到各行政单元多年平均径流深;再通过空间插值,得到石羊河流域多年平均径流深空间分布数据,以此为基础对研究区水文格局空间分布特征进行探究。

（2）水资源供用数据

为表征石羊河流域人类活动对水资源的开发利用状况,选取总用水量、地表水供水量和地下水供水量,作为反映流域内水资源供用情况的指标数据。所选取的指标数据来自《甘肃省水资源公报》《石羊河流域水资源公报》,主要用于第 3 章石羊河流域生态格局形成与演变驱动分析与流域水文生态格局划分,以及第 5 章流域水文生态格局调控研究。

对于流域生态格局形成与演变驱动分析中所使用的水资源供用空间栅格数据,其时序与用于表征流域生态格局的土地利用数据时序相对应,选取 2000 年、2005 年、2010 年、2015 年和 2020 年的统计数据。基于城镇中心点矢量数据,通过空间插值得到空间分辨率为 300 m、投影坐标系为 WGS84 Albers 的各项水资源供用指标空间栅格数据。

鉴于石羊河流域水文资料的可获得性,采用 2020 年《石羊河流域水资源公报》中的各项水文数据,作为流域水文生态格局调控模型构建以及情境分析的基础水量数据。根据 2020 年《石羊河流域水资源公报》中所统计的石羊河流域主要河流径流丰枯情况,2020 年石羊河总体属平水年。考虑到将平水年选作典型年进行分析,其分析结果对于流域实际水资源管理具有较为良好的参考性。因此,在第 5 章开展面向干旱内陆河流域生态健康的水文生态格局调控研究中,将 2020 年作为现状水平年。

2.2.4　流域社会经济数据

为表征石羊河流域内的社会经济活动情况,根据流域范围所涉及的行政区划,选取《甘肃发展年鉴》中流域内各市县的人口密度、GDP 和人均 GDP 统计数据作为反映石羊河流域社会经济发展的指标数据,用于第 3 章分析流域生态格局形成与演变的驱动因素以及水文生态格局的划分。社会经济数据资料时序与土地利用数据相对应,选择 2000—2020 年内主要时间节点的数据,即 2000 年、2005 年、2010 年、2015 年和 2020 年的统计数据。基于城镇中心点数据,通过空间插值得到石羊河流域不同时段各项社会经济发展指标的空间栅格数据,空间分辨率设置为 300 m,投影坐标系为 WGS84 Albers。

选取石羊河流域内包括人口总数、工业产值等不同社会经济发展统计与预测数据,用于第 5 章中流域水文生态格局调控模型的参数设定、优化模拟情境设计等部分。数据选取自《武威市国民经济和社会发展第十四个五年规划和二〇三五年远景目标纲要》《金昌市国民经济和社会发展第十四个五年规划和二〇三五年远景目标纲要》《甘肃省城镇体系规划(2013—2030 年)》《甘肃省"十四五"水利发展规划》等官方规划文件及年鉴统计资料。

2.3 青土湖绿洲数据来源及预处理

收集青土湖绿洲区域水文、生态等基础数据资料,主要用于第 4 章干旱内陆河流域尾闾绿洲恢复时空演变及生态输水量优化研究。具体数据资料及预处理过程如下。

2.3.1 卫星遥感影像数据

为获取青土湖绿洲生态输水前后 NDVI、NDWI 等可以反映区域植被覆盖以及水面面积动态的信息数据,全面分析生态输水影响下尾闾绿洲水文生态响应特征,探究尾闾绿洲适宜恢复目标及优化生态输水量,选用 Landsat 7 卫星遥感影像和 MODIS 卫星影像数据。

2.3.1.1 Landsat 7 卫星遥感影像

为详细分析生态输水驱动下青土湖绿洲水文生态恢复时空演变,包括绿洲水面面积、植被覆盖以及绿洲空间格局复杂性等演变特征,收集整理了自青土湖绿洲生态输水后,2010—2020 年逐年 Landsat 7 卫星遥感影像。由于青土湖绿洲地处水资源短缺的石羊河尾闾,夏季气温炎热、蒸散发量巨大。对青土湖所采用生态输水的方式为反季节输水,即通常在下半年(9~12 月)石羊河流域下游灌溉用水较少及蒸散发量较低的时段,分批次开展生态输水。因此青土湖绿洲的生态需水主要是通过前一年的输水补给的。选取自 2010 年冬季开始至 2020 年夏季，青土湖绿洲历年夏季(6～8 月)和冬季(11～12 月)云量小于 10% 的 Landsat 7 卫星遥感影像，用于分析生态输水后青土湖绿洲的水文响应。考虑到夏季为当地植被生长旺季，选用 2010—2020 年历年夏季影像，分析生态输水后青土湖绿洲植被的时空动态响应。对 Landsat 7 卫星遥感数据进行预处理，主要包含以下三方面：

（1）对原始 Landsat 7 卫星遥感数据进行辐射定标、大气校正、波段融合等预处理，融合后影像空间分辨率为 15 m。

（2）利用 Landsat 7 影像计算青土湖绿洲归一化植被指数（Normalized Difference Vegetation Index，NDVI），用于详细分析输水后植被覆盖及水面变化，以及通过结合无人机影像数据对青土湖绿洲空间格局复杂性进行分析。NDVI 常用于检测植被生长状况，反映植被覆盖度以及监测生物量，具有较好的时间和空间适应性[122,123]，可用于评估区域生态对环境变化的响应[58,124]。计算公式如下：

$$NDVI = \frac{NIR - Red}{NIR + Red} \tag{2.1}$$

式中，Red 和 NIR 分别表示 Landsat 7 卫星红光波段(0.62～0.69 μm)和近红外波段(0.76～0.96 μm)的地表反射率值。NDVI 的阈值范围为[−1, 1]，负值表示无植被。计算得到的青土湖绿洲 NDVI 数据主要包括：①绿洲 2010—2020 年历年夏季 NDVI 数据，用于分析评估绿洲植被对于生态输水的响应；②绿洲 2010 年冬季至 2020 年夏季，逐年夏冬两季的 NDVI 数据，用于提取青土湖水面信息。

（3）利用 Landsat 7 影像计算青土湖绿洲归一化水体指数（Normalized Difference Water Index，NDWI），用于识别提取青土湖水面，分析输水后青土湖绿洲水文响应以及构建生态水文模型。NDWI 作为能凸显水体信息的指标，常用于遥感影像的水体提取工作[125,126]。NDWI 的计算公式如下：

$$NDWI = \frac{Green - NIR}{Green + NIR} \tag{2.2}$$

式中，Green 和 NIR 分别为 Landsat 7 卫星绿光波段(0.52～0.60 μm)和近红

外波段(0.76～0.96 μm)的地表反射率值。*NDWI* 的阈值范围为[−1，1]。计算得到青土湖绿洲 2010 年冬季至 2020 年夏季,逐年夏冬两季 *NDWI* 数据,用于识别提取 2010 年生态输水后青土湖绿洲水面。

2.3.1.2 MODIS 卫星影像数据

选取 MODIS/TERRA MOD13Q1 系列 *NDVI* 数据,作为反映生态输水前后青土湖绿洲植被生长状态的指标数据,用于构建生态水文模型,探究绿洲适宜恢复目标及生态输水量,空间分辨率为 250 m,数据时间跨度为 2000—2020 年。考虑到所要构建的生态水文模型对青土湖绿洲水文生态动态模拟的时间步长为一年,因此选取青土湖绿洲 2000—2020 逐年最大 *NDVI* 值,来表征植被对地下水年际变化的生态响应。

如图 2.6 所示,青土湖绿洲区域覆盖有 31 行 29 列,共 899 个像元。基于生态输水前 2000—2009 年的 *NDVI* 数据,采用目视检验识别绿洲生态恢复区域并确定像元所在区域生态开始恢复的时间,分析生态输水后青土湖绿洲的 *NDVI* 变化。

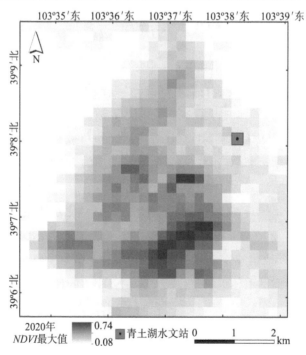

图 2.6 青土湖绿洲 2020 年最大 *NDVI* 值空间分布

2.3.2　实地调查数据

2.3.2.1　无人机航拍影像与植被信息提取

选取 2019 年实地调查期间,通过无人机航拍获取的空间分辨率为 0.26 m 的青土湖绿洲 RGB(红光波段、绿光波段、蓝光波段)土地覆被信息影像,剖析生态输水后绿洲植被恢复情况及绿洲空间格局复杂性。通过计算过绿减过红指数[127](Excess Green minus Excess Red Index,ExG-ExR),解译识别绿洲植被生长区。$ExG-ExR$ 的计算公式如下:

$$ExG-ExR = \frac{3Green - 2.4Red - Blue}{Red + Green + Blue} \qquad (2.3)$$

式中,Red、$Green$、$Blue$ 分别为无人机影像中红、绿、蓝 3 个波段对应的反射率。$ExG-ExR$ 以 0 为阈值可较好地将区域植被像元与非植被像元分离,其中正值像元为植被,负值为裸地等非植被像元。将植被像元赋值为 1,非植被像元赋值为 0,可得到区域植被与非植被二值化图像。

利用 2019 年获取的无人机影像,通过计算青土湖绿洲 $ExG-ExR$ 值,判定识别青土湖绿洲植被与非植被区域,并得到二值化图像。在无人机影像中随机选取 150 个空间采样点,通过目视检查青土湖植被与非植被二值化图,验证分类效果。采用遥感解译分析常用的 Cohen's Kappa 系数来定量检验分类精度,其数值在[-1,1]之间变化,从 -1 到 1 表示分类精度由差到好;当 Kappa 系数大于 0.8 时,一般可认为分类精度达到了一个较好的水平。

青土湖绿洲 2019 年无人机航拍影像与随机验证点,以及青土湖植被分布二值化图如图 2.7 所示。可以看出,利用 $ExG-ExR$ 指数对青土湖绿洲植被与非植被的判定识别效果较好,分类结果的 Kappa 系数为 0.91($p<0.01$),总体上可较为准确地判定识别青土湖绿洲植被与非植被区,可为后续青土湖绿洲空间格局复杂性分析提供合理可靠的数据支撑。

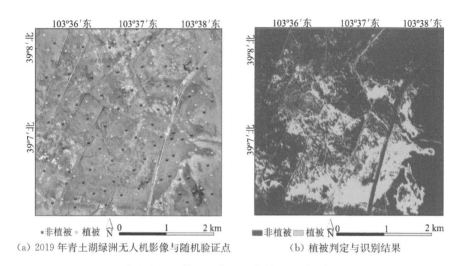

(a) 2019 年青土湖绿洲无人机影像与随机验证点　　(b) 植被判定与识别结果

图 2.7　青土湖绿洲基于无人机影像的植被判定与识别结果

2.3.2.2　地下水埋深实地调查数据

采用 2018 年、2019 年夏季(7～8 月)在青土湖绿洲开展实地生态样方调查期间,观测的地下水埋深实测数据(共 168 个样点埋深数据),分析生态输水驱动下青土湖绿洲恢复的时空演变机理。2018 年、2019 年两年绿洲实地调查样点分布如图 2.8 所示。2018 年 7～8 月,在青土湖绿洲内依据由绿洲中心水域

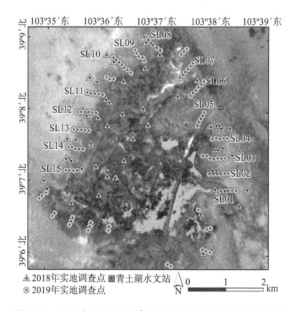

图 2.8　2018 年、2019 年青土湖绿洲野外实地调查样点

或植被生长区域至荒漠边缘的原则布设样线,基于青土湖绿洲典型湿生植被芦苇和典型旱生植被白刺的"存在-不存在原则[128]"在样线内选取样点;2019 年 7~8 月,在前一年样线布设原则的基础上考虑样点分布的均匀性原则,布设了 15 条样线(SL01~SL15),每条样线相隔约 500 m,样线上相邻样点间距大约为 100 m。通过在样点中心挖掘钻土至潜水面,采集了样点对应的地下水埋深数据。样点地下水埋深现场实测情况如图 2.9 所示。

(a) 地下水埋深现场实测　　(b) 地下水埋深现场实测　(c) 青土湖绿洲某样点潜水面

图 2.9　青土湖绿洲地下水埋深实地调查

2.3.3　水文统计数据

2.3.3.1　青土湖绿洲生态输水量统计数据

采用 2010—2019 年青土湖绿洲逐年生态输水量数据,用于构建生态水文模型对青土湖绿洲恢复水文生态演变进行模拟。就青土湖绿洲而言,反季节的生态输水方式使绿洲地下水主要依靠前一年的生态输水补给。在对青土湖绿洲进行水文生态动态模拟时,设定某一年的输水量作为驱动第二年绿洲恢复的输入变量。例如,将 2010 年的输水量作为 2011 年水量平衡分析的输入变量。

2.3.3.2　青土湖绿洲地下水埋深统计数据

采用甘肃省水文水资源局在青土湖绿洲北缘设立的青土湖水文站(图 2.8)所监测的 2010—2020 年青土湖地下水埋深数据,评估生态输水对青土湖绿洲地下水恢复的影响以及构建尾间绿洲生态水文模型。以上青土湖绿洲生态输水量、地下水埋深两项水文数据均来自甘肃省水文局。

2.4 石羊河流域气候、水资源开发利用及生态健康状况演变特征

2.4.1 特征分析方法

2.4.1.1 趋势性分析方法

选取 Mann-Kendall 非参数统计检验法（M-K 法）和基于一元线性回归方程的气候倾向率，分别用于分析研究区气候的时间趋势变化以及空间上的趋势变化方向与程度。

（1）Mann-Kendall 非参数统计检验法

M-K 法作为一种常用的分析时间序列趋势的统计检验方法，最早由 Mann和 Kendall 提出[129,130]。M-K 法无须样本遵从一定的分布，其在没有趋势的零假设下检验时间序列中是否存在一定的趋势，不受少数异常值的干扰，适合检验时间序列的线性和非线性趋势，计算过程简便、人为性少[131,132]。基于上述优点，M-K法经过几十年的发展应用，现常用于分析水文、气候时间序列的趋势变化[133]。

对于某一时间序列$\{y(t)|t=1,2,\cdots,n\}$，M-K 法趋势检验的统计变量 S的计算公式如下：

$$S = \sum_{i=1}^{n-1} \sum_{j=i+1}^{n} \mathrm{sgn}(y_j - y_i) \tag{2.4}$$

其中：

$$\mathrm{sgn}(y_j - y_i) = \begin{cases} 1, & (y_j - y_i) > 0 \\ 0, & (y_j - y_i) = 0 \\ -1, & (y_j - y_i) < 0 \end{cases} \tag{2.5}$$

式中，$\mathrm{sgn}(\cdot)$为符号函数。

当 $n \geqslant 8$ 时，统计变量 S 服从正态分布，其均值为 0，方差可表示为：

$$Var(S) = \frac{n(n-1)(2n+5) - \sum_{i=1}^{n} t_i i(i-1)(2i+5)}{18} \tag{2.6}$$

式中，i 为时间序列中等值子序列（序列值连续相等的子序列）的长度；t_i 为长度为 i 的等值子序列的数量。

构造检验统计量 Z 如式（2.7）所示：

$$Z = \begin{cases} \dfrac{S-1}{\sqrt{Var(S)}}, & S > 0 \\ \quad 0, & S = 0 \\ \dfrac{S+1}{\sqrt{Var(S)}}, & S < 0 \end{cases} \qquad (2.7)$$

在双边检验中，若在 p 显著性水平下 $|Z| \geqslant Z_{1-\frac{p}{2}}$ 则拒绝原假设，即在 p 显著性水平下，时间序列存在明显的趋势变化。$Z>0$ 时，表示时间序列呈上升或增加趋势；$Z<0$ 时，表示时间序列呈下降或减少趋势。当 Z 的绝对值大于等于 1.64、1.96 和 2.58 时，分别表示通过了 0.10、0.05 和 0.01 显著性水平的检验。

（2）基于一元线性回归方程的气候倾向率

气候倾向率常用于统计分析气象要素长期趋势变化的方向和程度[134]。气象要素序列 $\{y(t)|t=1,2,\cdots,n\}$ 与 t 时间序列（年份）之间通常存在线性相关关系，建立一元线性回归方程，即：

$$y = \frac{a}{10}t + b \qquad (2.8)$$

式中，y 为气象要素；t 为时间；b 为线性回归常数；a 为气候倾向率，表示气候要素每 10 a 的变化速率，单位为气象要素单位/（10 a）。

当 $a>0$ 时，表示气象要素序列随时间呈上升或增加趋势，$a<0$ 时，表示气象要素序列随时间呈下降或减少趋势。$|a|$ 越大，表明气候变化速率越快；反之，气候变化速率越慢。采用 M-K 法检验气候倾向率变化趋势的显著性，将检验结果划分为不显著（$p>0.1$）、较为显著（$0.05<p\leqslant0.1$）、显著（$0.01<p\leqslant0.5$）、极显著（$p\leqslant0.01$）变化 4 个等级。

2.4.1.2　周期性分析方法

为探明石羊河流域气候条件的周期性变化规律，选取小波分析法作为气候周期性分析的主要方法。小波分析法是在傅里叶（Fourier）变换的基础上引入了窗口函数。该方法对于获取一个复杂时间序列的特征规律，诊断时间序列变化的内在层次结构，分辨时间序列在不同时间尺度上的演变特征等效果十分显著[135]。

在小波变换中，较为常用的小波函数有 Morlet 小波、Dmey 小波、Mexican Hat 小波等。复 Morlet 小波函数常用于分析水文气候要素时间序列在不同尺度上的演变特征[136]。因此，选用复 Morlet 小波函数对气象要素时间序列进行连续小波变换，复 Morlet 小波的母函数为：

$$\varphi(t) = e^{cti - \frac{t^2}{2}} \tag{2.9}$$

式中，t 表示时间；c 为常数，通常取 6.2。

函数是由一个周期经过高斯（Gaussian）函数平滑得到的。其中，时间尺度 a 与周期 T 的关系为：

$$T = \frac{4\pi a}{c + \sqrt{2 + c^2}} \tag{2.10}$$

式中，周期 T 可近似用 a 来代替。

对于给定的小波函数 $\varphi(t)$，气象要素时间序列 $f(t)$ 的连续小波变换为：

$$W_f(a,b) = |a|^{-\frac{1}{2}} \int_{-\infty}^{+\infty} f(t)\bar{\varphi}\left(\frac{t-b}{a}\right) dt \tag{2.11}$$

式中，a 为尺度因子，表征小波的周期长度；b 为时间因子，表征时间上的平移；$W_f(a,b)$ 称为小波变换系数。

气象要素如年平均气温、年降水量等的时间序列通常都是离散的，所以需要对式(2.11)进行离散，离散后的形式如下：

$$W_f(a,b) = |a|^{-\frac{1}{2}} \Delta t \sum_{k=1}^{n} f(k\Delta t)\bar{\varphi}\left(\frac{k\Delta t - b}{a}\right) \tag{2.12}$$

式中，$f(k\Delta t)$ 为离散气象要素时间序列；Δt 为气象要素采集时间间隔，$k=1,2,\cdots,n$。

将小波系数的平方在 b 域上积分可得小波方差，其表达式为：

$$Var(a) = \int_{-\infty}^{+\infty} |W_f(a,b)|^2 db \tag{2.13}$$

式中,$Var(a)$为小波方差。

小波变换系数 $W_f(a,b)$ 随 a 和 b 变化,以 b 为横坐标、a 为纵坐标可绘制关于 $W_f(a,b)$ 的二维等值线图,即为小波系数实部图。该图谱可用于揭示气象要素时间序列的周期性规律。对于小波系数实部图,在某一时间尺度 a 下,小波变换系数随时间的变化过程表征气象要素时间序列在该尺度下的变化特征;对于气温时间序列,正的小波变换系数用暖色表示,对应偏多期,即气温序列的偏高期;负的小波变换系数用冷色表示,对应偏少期,即气温序列的偏低期。相反,对于降水时间序列,正的小波变化系数用冷色表示,对应偏多期,即降水序列的偏丰期;负的小波变换系数用暖色表示,对应偏少期,即降水序列的偏枯期。小波变换系数为零代表突变点,例如气温序列偏高期向偏低期变化的突变年份,或降水序列偏丰期向偏枯期变化的突变年份。

小波方差反映信号波动的能量随尺度 a 的分布,可用于确定一个时间序列中不同种尺度扰动的相对强度,图中峰值所对应的尺度即为该时间序列的主要时间尺度,即主周期。

2.4.1.3　水资源开发利用率

水资源开发利用率常作为评价区域水资源开发利用程度的指标,其物理意义是指取用的水资源量占可获得的(可更新)水资源总量的百分比[137],具体计算公式如下:

$$R_W = \frac{W_{TC}}{W_A} \tag{2.14}$$

式中,R_W 表示水资源开发利用率(%);W_{TC} 表示流域总用水量(亿 m^3);W_A 表示流域可利用水资源总量(亿 m^3)。

2.4.1.4　流域生态健康评估方法

(1)流域生态健康评估指标选取

生态系统健康一般可通过三个指标进行表征,即生态系统活力(Vigor)、组织(Organization)和弹性(Resilience)[138]。生态系统活力是指生态系统的活动、代谢或初级生产力。生态系统组织是指生态系统各组成部分之间交互的数量及其多样性。生态系统弹性是指生态系统在面对干扰时保持其原有结构和功能的能力,主要体现在两方面:一是抵御外界干扰(如自然灾害或人类活动)的能力,即生态系统内部通过自我调节避免被破坏,保持物种及生产力的稳定;二是生态系统遭受严重破坏后恢复到原始状态的能力[139]。

考虑到干旱内陆河流域脆弱的生态本底、较强的生态敏感性和较高的开发利用程度,能否保持一个较为良好的生态系统稳定性及恢复能力,是衡量其未来面对气候变化和人类活动干扰时能否保持生态系统健康的重要因素。因此,选取能够反映生态系统稳定性及恢复能力的生态系统弹性指数,作为评估干旱内陆河流域生态系统健康状况的指标。

(2)流域生态健康评估计算方法

生态系统弹性主要由反映生态系统稳定性和生态系统恢复能力的两部分组成。具体计算时,主要通过抵抗力(Resist)系数和恢复力(Resil)系数分别量化,最终通过对两项系数加权求和计算生态系统弹性,评估生态系统健康。参考前人的相关研究[139,140],以表征流域生态格局组分的各用地类型面积所占比例为权重,对各用地类型所具有的生态系统弹性系数权重求和,评估区域生态健康水平。具体计算公式如下:

$$EHI = \omega_{Resist} \times \sum P_i \times Resist + \omega_{Resil} \times \sum P_i \times Resil \qquad (2.15)$$

式中,EHI 为生态系统弹性表征的生态健康指数;P_i 为各用地类型面积在 i 计算单元中的占比;$Resist$ 和 $Resil$ 分别为不同用地类型对应的抵抗力系数和恢复力系数;ω_{Resist} 和 ω_{Resil} 则分别为区域抵抗力系数和恢复力系数的权重;式中各项参数的阈值范围均为[0,1]。

一般情况下,ω_{Resist} 和 ω_{Resil} 的确定应根据外部干扰是否超出了生态系统自我调节能力来确定。Wei 等曾指出[139],河西走廊地区生态系统受人类活动干扰影响程度较大,故河西走廊地区生态系统 ω_{Resil} 的设置应高于 ω_{Resist};相反,若一个区域的开发水平较低,则 ω_{Resist} 的设置应该更高。因此参考 Wei 等[139]的相关研究成果,ω_{Resist} 和 ω_{Resil} 分别取 0.4、0.6。

不同用地类型的 $Resist$ 和 $Resil$ 同样存在较为明显的差异。理论上,受人类活动影响较小的生态系统,如林地、草地、裸地等,对外部干扰的抵抗力较强;而人类活动较为集中的生态系统,如耕地、居民地等,则更易受到灾害的侵袭。

从实际角度来看,不同生态系统的恢复力则可通过计算不同生态系统占全球生态服务价值的比例进行比较[140]。参考以往相关研究[139,141],设置石羊河流域不同用地类型的 *Resist* 和 *Resil*,具体参数如表 2.3 所示。

表 2.3　石羊河流域不同用地类型的生态健康指数计算参数设置

参数	用地类型					
	耕地	林地	草地	居民地	裸地	其他
Resist(抵抗力系数)	0.30	0.60	0.80	0.20	0.10	0.70
Resil(恢复力系数)	0.50	1.00	0.60	0.30	0.20	0.80
EHI(生态健康指数)	0.38	0.76	0.72	0.24	0.14	0.74

基于生态系统健康指数,将石羊河流域生态健康水平划分为 5 个等级[139],具体生态系统健康指数值所对应的生态健康水平等级见表 2.4。

表 2.4　石羊河流域生态健康水平等级划分标准

生态健康等级	生态健康指数值	生态健康水平
Ⅰ	0.80～1.00	良好
Ⅱ	0.60～0.80	较好
Ⅲ	0.40～0.60	一般
Ⅳ	0.20～0.40	较差
Ⅴ	0.00～0.20	极差

2.4.2　石羊河流域气候变化特征

利用石羊河流域 1973—2020 年逐年气温、降水空间栅格数据,通过 M-K 非参数趋势检验、基于一元线性回归方程的气候倾向率以及小波分析法,分别分析石羊河流域近 48 年间气温、降水的总体特征、变化趋势及周期性;基于空间统计分析分别对 1973—2020 年石羊河流域多年平均气温及降水量进行了空间特征分析,并结合气候倾向率、M-K 法分别探究了流域内气温、降水倾向率及其显著性的空间分布特征。

2.4.2.1　气温变化特征

（1）气温变化趋势及周期性规律

石羊河流域年平均气温变化如图 2.10 所示。石羊河流域 1973—2020 年多年平均气温约为6.04℃。近48年年均气温最小值为4.58℃,发生于1976年;最大值为7.53℃,发生于2013年。由图2.10可知,石羊河流域年平均气温在近48年的时间内有着明显的上升趋势,年平均气温倾向率为0.47℃/(10 a)。M-K法检验统计量Z值为6.08,通过了0.01显著性水平的检验,说明整个流域的年平均气温在1973—2020年期间具有极为显著的上升趋势。

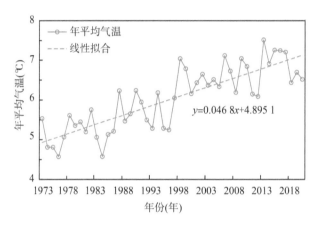

图2.10 石羊河流域1973—2020年平均气温变化过程

通过采用复Morlet小波分析法分析石羊河流域年平均气温序列的周期性规律,年平均气温序列小波变换后的小波系数实部图和小波方差图分别如图2.11、图2.12所示。

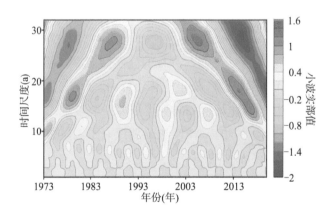

图2.11 石羊河流域1973—2020年平均气温复Morlet小波系数实部图

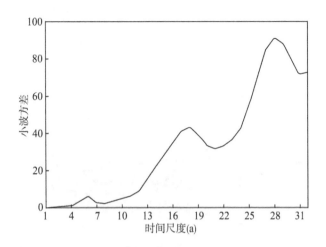

图 2.12　石羊河流域 1973—2020 年平均气温复 Morlet 小波方差图

由图 2.11 可以看出,石羊河流域近 48 年来气温存在多时间尺度变化特征。总体上,年平均气温的变化存在着 18 年和 28 年左右的两个时间尺度的周期性变化规律。在 28 年尺度上,整个时段均有着较强的信号,从 1973 年至 2020 年气温经历了:低—高—低—高—低的交替循环过程。在 18 年左右的中尺度上,气温经历了 4 个"低—高"的循环过程。气温变化在以上两个时间尺度上具有全域性,且整体上非常稳定。从石羊河流域年均气温的小波方差图中可以看出,气温的变化分别在 18 年和 28 年时间尺度上有较为明显的峰值,说明该地区气温的振荡周期分别为 18 年和 28 年,且主震荡周期为 28 年。从主振荡周期来看,石羊河流域气温序列有向下一个气温偏高周期发展的趋势,表明未来一段时间石羊河流域将可能处于气温偏高的时期。

(2) 气温空间分布及其变化特征

石羊河流域 1973—2020 年多年平均气温空间分布如图 2.13 所示。总体在空间上,石羊河流域近 48 年间多年平均气温约为 $-8.90 \sim 8.87$℃。气温分布在流域上存在着较为明显的空间差异,其中流域西南部的气温相对较低,主要包括上游的山丹县、肃南县和天祝县境内的祁连山区;而自出山口向东北方向,整个流域的中下游区域气温相对较高。

图 2.14 为石羊河流域年均气温倾向率及其显著性的空间分布情况。从图中可以清楚地看出,全流域的气温在整个研究时段内呈现出极显著($p \leqslant 0.01$)

的上升趋势。其中,气温上升相对较快的区域主要集中在地势相对较高的山区,而中游地区,如凉州区大部、永昌县东部和古浪县西北部的气温上升速率则相对较慢。

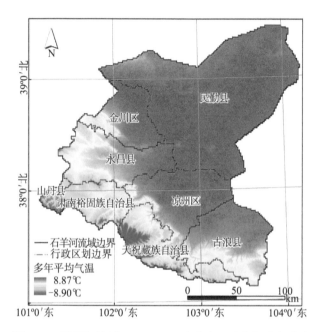

图 2.13 石羊河流域 1973—2020 年多年平均气温空间分布

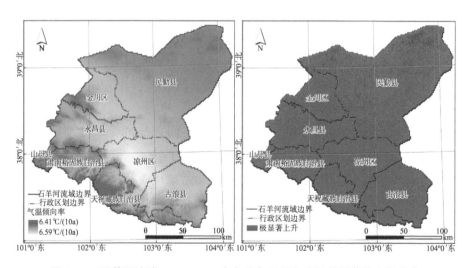

图 2.14 石羊河流域 1973—2020 年年均气温倾向率及其显著性空间分布

2.4.2.2　降水变化特征

(1) 降水变化趋势及周期性规律

石羊河 1973—2020 年年降水量变化趋势如图 2.15 所示。

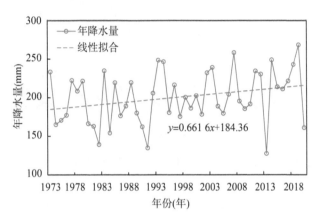

图 2.15　石羊河流域 1973—2020 年年降水量变化过程

1973 年至 2020 年,石羊河流域多年平均降水量约为 200.57 mm。近 48 年间,年降水量最小值出现在 2013 年,约为 127.94 mm;年降水量最大值出现在 2019 年,约为 268.49 mm。图中可以明显看出石羊河流域年降水量在整个研究时期内有明显的增长趋势,线性倾向估计其年降水量增长幅度约为 6.62 mm/(10 a)。石羊河流域年降水量的 M-K 统计量为 1.96,通过了 0.05 显著性水平的检验,表明在 1973—2020 年间,石羊河流域年降水量具有显著的增长趋势。

通过采用复 Morlet 小波分析法对石羊河流域年降水量周期性规律进行分析,年降水量序列小波变换后的小波系数实部图和小波方差图分别如图 2.16、图 2.17 所示。

图 2.16 显示,石羊河流域 1973—2020 年间降水存在多时间尺度变化特征。总体上,年降水量的变化存在着 7 年、13 年和 28 年左右的三个时间尺度的周期性变化规律。在 28 年尺度上,整个研究时段内均有较强的信号,自 1973 年至 2020 年降水经历了:枯—丰—枯—丰—枯的交替循环过程,且大尺度的周期整体上较为稳定。在 13 年左右的中时间尺度上,降水大致经历了 6 个"枯—丰"的循环过程;自 1998 年以后,中尺度周期的信号强度相较之前有明

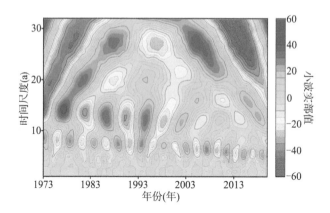

图 2.16 石羊河流域 1973—2020 年降水量复 Morlet 小波系数实部图

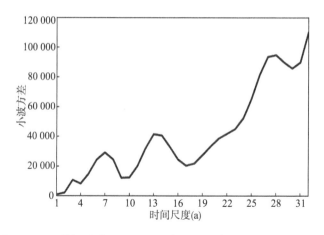

图 2.17 石羊河流域 1973—2020 年降水量复 Morlet 小波方差图

显的减弱。对于 7 年左右的时间尺度,其信号强度在 1990—1995 年以及 2005—2010 年两个时段内较强,同时短时间尺度的周期同中时间尺度一样,存在一定的下降趋势。石羊河流域年降水量的小波方差图显示,其主要的 3 个峰值所对应的时间尺度分别为 7 年、13 年以及 28 年,表明该地区降水的振荡周期分别为 7 年、13 年和 28 年,且主振荡周期为 28 年。从主振荡周期来看,石羊河流域降水序列有向下一个降水偏丰周期发展的趋势,表明未来一段时间石羊河流域降水将可能处于偏丰的时期。

（2）降水空间分布及其变化特征

石羊河流域 1973—2020 年多年平均降水量空间分布如图 2.18 所示。总体在空间上，石羊河流域近 48 年间多年平均降水量约为 89.48～521.78 mm。降水在流域整体上存在着较为明显的空间异质性，自西南至东北、自流域上游至下游，降水量呈逐渐减少的分布趋势。流域内降水多集中分布在上游祁连山区，而流域下游紧邻腾格里和巴丹吉林两大沙漠的民勤县降水量则相对较少。

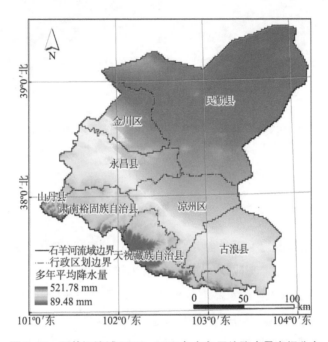

图 2.18 石羊河流域 1973—2020 年多年平均降水量空间分布

图 2.19 为石羊河流域年降水量倾向率及其显著性的空间分布情况。由图可知，在近 48 年间石羊河流域 99.57％区域的降水量呈现极显著（$p \leq 0.01$）增加趋势，有 0.43％区域的降水量呈显著（$p \leq 0.05$）增加趋势，主要集中在民勤县的东北部地区。降水增加相对较多的区域主要分布在流域的上游山区，而降水增加幅度相对较小的区域则主要分布在流域的东部，包括民勤县东部大部、凉州区东部和古浪县东北部地区。

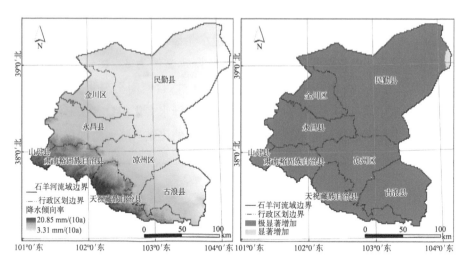

图 2.19　石羊河流域 1973—2020 年年降水量倾向率及其显著性空间分布

2.4.3　石羊河流域水资源开发利用情况

2.4.3.1　流域用水量

石羊河流域范围内主要包含武威市和金昌市两个行政区。武威市作为甘肃省内重要的粮食生产基地,农业用水需求量较大,而金昌市是以工业为支柱型发展产业的城市,工业用水需求量相对较大。石羊河流域总用水主要分为生产、生活、生态三大类。其中,生产用水包括农田灌溉、林牧渔畜、工业三类用水;生活用水主要包括城镇公共和居民生活水;生态环境用水主要为城镇环境及河湖生态补水。

根据《甘肃省水资源公报》《石羊河流域水资源公报》,梳理了石羊河流域近20 年总用水量及各项用水数据。石羊河流域 2000—2020 年总用水量变化和各类用水量及其占比变化情况分别如图 2.20、图 2.21 所示。

由图 2.20 可知,石羊河流域近 20 年总用水量呈现先增后减的变化特征。通过 M-K 法检验流域总用水量的变化,检验统计量 Z 值为 -3.59,通过了0.01 显著性水平的检验,表明总用水量呈明显的下降趋势。其中,2005 年流域总用水量最大,约为 28 亿 m^3;伴随着 2007 年《石羊河流域重点治理规划》的出台,全流域开始大力推行多项节水措施,流域用水量也开始逐渐出现缩减的态

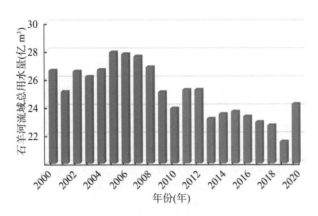

图 2.20　石羊河流域 2000—2020 年总用水量变化

势,2019 年流域总用水量达到最小,约为 21.55 亿 m^3。

从图 2.21 中可以看出,2000—2020 年石羊河流域农田灌溉用水占比呈显著下降趋势,M-K 法检验统计量 Z 值为 -4.26,通过了 0.01 显著性水平的检验。农田灌溉用水占流域总水量的比例,由 21 世纪初的约 88% 下降至近年的约 78%,降幅近 10%。林牧渔畜用水量和生活用水量占流域总用水量的比重均有所上升,多年平均占比分别为 6%、4% 左右。工业用水量在 2015 年以前逐渐增加,但自 2016 年开始,工业用水量出现大幅缩减,至 2020 年占比缩减至约 3%,这主要与我国"十三五"期间工业产业结构调整、大力推行节能减排、推进工业绿色转型等政策密切相关。生态环境用水量占比自 2005 年以来,稳定在 2% 左右,2020 年其用水量骤增至约 9%。

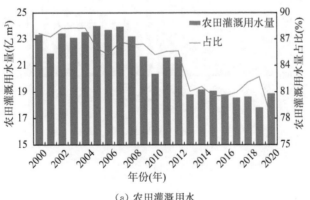

（a）农田灌溉用水

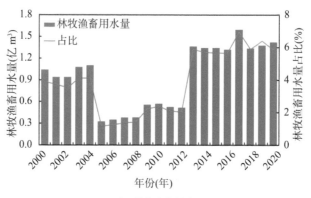

（b）林牧渔畜用水

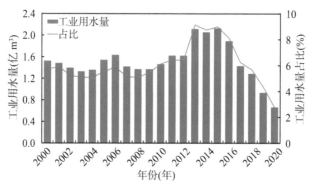

（c）工业用水

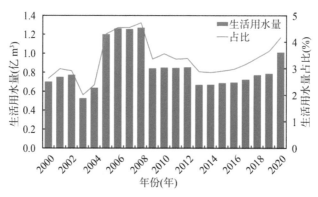

（d）生活用水

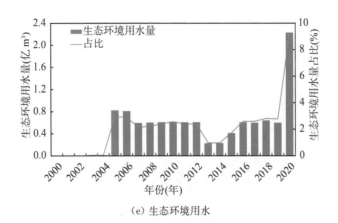

（e）生态环境用水

图 2.21　石羊河流域 2000—2020 年各类用水量及其占比变化

总体来看，近些年农田灌溉仍是石羊河流域的用水大户，农田灌溉用水量占流域总用水量的比例接近八成；林牧渔畜、工业用水量综合占比在 10% 左右，其余为生活用水和生态环境用水，所占比例较小。2020 年石羊河流域各类用水占总用水量的比例如图 2.22 所示。

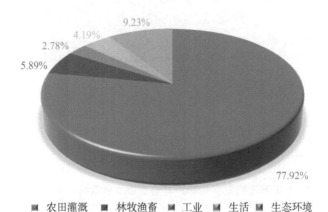

■ 农田灌溉　■ 林牧渔畜　■ 工业　■ 生活　■ 生态环境

图 2.22　石羊河流域 2020 年各类用水量占比统计①

2.4.3.2　流域供水量

根据《甘肃省水资源公报》《石羊河流域水资源公报》，笔者分析了石羊河流域 2000—2020 年地表水源供水量、地下水源供水量和其他水源供水量的变化

---

①　本书由于计算时采用四舍五入，因此数据加和与 100% 会有少许偏差。

情况,如图 2.23 所示。

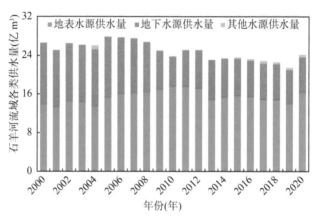

（a）石羊河流域各类水源供水量

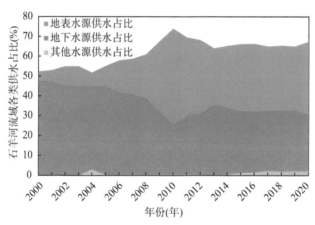

（b）石羊河流域各类水源供水占比

图 2.23　石羊河流域 2000—2020 年各类供水水源供水量及其占比变化

　　地表水和地下水是石羊河流域最为主要的供水来源,近 20 年石羊河流域地表水源平均供水量为 15.48 亿 m³,约占流域多年平均供水总量的 62%。地下水源供水的比例从 21 世纪初的 48% 下降至 2020 年的 36%,造成石羊河流域地下水源供水比例下降的原因主要是自 2007 年起,为保护流域尤其是中下游脆弱的生态环境,实行了严格的地下水超采管控措施。其他水源主要包括污水处理回用和雨水利用两部分,其他水源的多年平均供水量所占比例不到流域多年平均供水总量的 2%。2020 年石羊河流域各类供水水源供水量占供水总量的比例如图 2.24 所示。

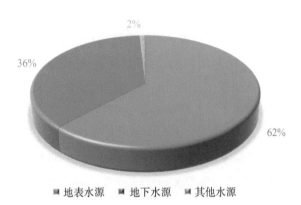

图 2.24　石羊河流域 2020 年各类供水水源供水量占比统计

2.4.3.3　流域水资源开发利用程度

　　石羊河流域 2000—2020 年水资源开发利用程度变化情况如图 2.25 所示。总体上,作为典型的干旱内陆河流域,石羊河流域近 20 年的水资源开发利用均超过了自身的水资源总量,虽然流域经过近十几年的全面综合治理,水资源开发利用程度略有下降,但整体上水资源开发利用过度现象仍较为严重。其中,2003 年的开发利用率最低,约为 109.26%;最高为 2020 年,达到了约 181.48%。

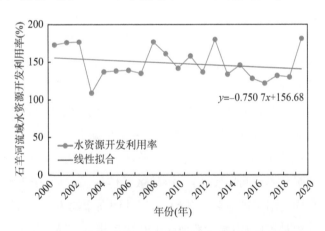

图 2.25　石羊河流域 2000—2020 年水资源开发利用情况

2.4.4　石羊河流域生态健康状况

　　自然生态系统为人类社会的生存和发展提供了物质基础与服务功能,维系生态系统健康对于实现社会-经济-生态的可持续发展是十分重要的[142]。通常来讲,一个健康的生态系统可被视为环境管理的理想终点,因此科学合理地评估生态系统健康状况,是管理与维护生态系统健康的重要前提与手段[138]。

基于石羊河流域土地利用数据,对石羊河流域2000—2020年生态健康状况进行评估,评估结果如表2.5所示。2000—2020年石羊河流域生态健康指数有所增长,说明随着相关生态保护政策的落地实施,石羊河流域内的生态状况出现了一定的好转。但总体上生态健康指数变化幅度较小,整个时段内石羊河流域生态一直处在"一般"的健康水平上,没有达到"良好"的生态健康水平,说明流域生态健康仍有进一步改善的空间。

表2.5 2000—2020年石羊河流域生态健康指数计算结果及生态健康水平

年份(年)	EHI	生态健康水平
2000	0.528 9	一般
2005	0.536 9	一般
2010	0.537 5	一般
2015	0.543 1	一般
2020	0.545 3	一般

2.5 本章小结

本章主要对石羊河流域及其尾闾青土湖绿洲的地理位置、地形地貌、气候条件等概况进行了介绍。详细介绍了石羊河流域以及青土湖绿洲的各项数据资料来源和预处理过程,包括气象、水文、生态、社会经济等多方面的卫星遥感、实地调查以及统计调查数据。剖析了石羊河流域气候变化、水资源开发利用以及生态健康状况演变过程及特征。本章主要结论如下:

(1)石羊河流域1973—2020年多年平均气温约为6.04℃,流域内气温分布存在着较为明显的空间异质性,上游地区整体气温较低,中下游气温相对较高。流域年平均气温呈极显著上升趋势,线性倾向率约为0.47℃/(10 a);上游山区气温上升相对较快,中游大部地区上升速率相对较慢。年平均气温存在着18年和28年左右的两个时间尺度的周期性变化规律,在28年尺度上,经历了"低—高—低—高—低"的交替循环过程,并且未来一段时间石羊河流域将可能处于气温偏高的时期。

（2）石羊河流域 1973—2020 年多年平均降水量约为 200.57 mm,降水在流域整体上存在较为明显的空间分布差异,自上游至下游,降水量逐渐减少。流域年降水量呈显著增长趋势,线性倾向率约为 6.62 mm/(10 a);上游山区降水增长幅度较大,流域东部降水增长幅度相对较小。年降水量存在着 7 年、13 年和 28 年左右的三个时间尺度的周期性变化规律,在 28 年时间尺度上,经历了"枯—丰—枯—丰—枯"交替循环,未来一段时间降水可能处于偏丰的时期。

（3）受政策变动的影响,石羊河流域近 20 年总用水量先增后减,整体上呈现较为显著的下降趋势。农田灌溉用水占比显著下降,但仍为流域用水大户。林牧渔畜和生活用水量均有所增长;工业用水量呈先增后减变化趋势,拐点为 2015 年。石羊河流域地下水供水比例从 48% 下降至 30%。流域水资源开发利用程度随流域治理工作的开展出现一定幅度下降,但总体上流域水资源开发利用过度现象仍较为严重。

（4）2000—2020 年石羊河流域生态健康指数有所增长,相关生态保护政策的推行在一定程度上促进了流域生态环境的改善。但总体上变化幅度较小,仍处于"一般"的健康水平上,尚未达到流域生态健康"良好"的水平,仍有进一步改善的空间。

第3章

干旱内陆河流域水文生态格局时空演变与划分研究

明晰流域水文生态格局的形成与划分内涵,系统定量地剖析干旱内陆河流域水文生态格局时空演变特征与驱动机制,科学合理地识别与划分干旱内陆河流域水文生态格局,是实现流域水文生态格局调控的核心与重要基础。通过讨论流域水文生态格局的形成与划分内涵,以石羊河流域为例,探究流域水文与生态格局时空演变特征,借助地理探测器法定量分析流域生态格局形成与演变的驱动力,揭示干旱内陆河流域生态格局演变的驱动机制。

针对当前涉及干旱内陆河流域的水文生态格局划分研究相对薄弱、流域水文生态格局划分指标体系的系统构建仍不完善,在驱动分析的基础上,结合干旱内陆河流域气候及水文生态总体特征,构建适用于干旱内陆河流域的水文生态格局划分指标体系,对石羊河流域的水文生态格局进行划分,探讨流域主要生态保护目标,旨在为后续两章中涉及的干旱内陆河流域水文生态格局调控目标以及策略方案的制定提供科学依据。

3.1 流域水文生态格局的形成与划分内涵

水作为生态系统最为重要的组成部分,是生态系统中物质以及能量传输的重要载体[14]。水体中的有机物与无机物等物质在维系水生态系统构成和正常运转等方面具有重要作用。水文情势的变化通过控制这些物质在水体中的通量,进而影响着生态系统的组分与空间格局[143]。而生态系统作为参与地球水循环过程的重要一环,其格局以及过程的改变,又会直接反过来影响区域能量与水量平衡,从而对水文循环过程产生影响。譬如植被生态系统的变化对产汇流、蒸散发过程产生影响的同时,也会影响着地表能量物质的循环,进而改变着水文循环的时空分异。由于水文循环与生态过程都具有相应不同的组成结构、时空分异特征,二者在基于不同的地质地貌条件下,在彼此相互作用、相互制约的影响下,便形成了具有不同典型地域特征的水文生态格局[13]。

在自然进化的历程中,水文过程与生态过程相互影响,水文生态格局向着和谐的方向发展。但随着人类社会的高速发展,水利工程的建设运行及人类活动对流域下垫面的改变,严重影响了过往自然界的水文循环及水量平衡状态。与此同时,人类社会经济的发展挤占了部分环境用水,从而导致生态系统过程与结构发生变化。人类活动的干扰已不可避免地成为水文生态格局形成中无法忽视的重要因素之一。所以,当前流域水文生态格局的含义应指在综合自然以及人类活动因素的共同影响下,在流域上所形成的具有不同水文生态特性及时空演变特征的区域,且不同区域内部的水文生态特征具有相似、均匀或一致性。

气候条件变化和人类社会经济的迅猛发展已对自然界的水文循环和生态系统造成了极大的影响。即使当流域所受到的气候变化和人类活动干扰的程度均一化,鉴于流域内不同区域所具有的水文生态基底不同,其各自也会产生不同的水文生态响应,进而可能引发不同的生态环境问题。为科学合理且高效地管理与防控流域生态环境问题,应遵照流域内水文要素和生态环境的差异性与相似性对流域的水文生态格局进行划分,通过探究不同水文生态分区内各种水文生态要素的组成及演变规律,分析其内在联系[144,145],明晰不同分区的水文生态保护主体,从而有针对性地设定保护目标,提出适用于当前流域的水文生态调控对策。综上所述,水文生态格局的划分是流域水文生态格局调控的重要基础。

3.2 干旱内陆河流域水文生态格局区域划分基本框架

通过收集干旱内陆河流域气候、水文以及生态数据资料,利用气候倾向率、M-K 法、水资源开发利用率、土地利用转移矩阵等方法,分析干旱内陆河流域气候、水文及生态时空演变过程,探究干旱内陆河流域水文生态总体特征。基于地理探测器统计方法定量分析流域生态格局形成与演变驱动因素,探明干旱内陆河流域水文-生态相互作用关系。

　　根据流域水文生态总体特征,以驱动分析得到的影响干旱内陆河流域水文生态格局形成与演变的各项驱动因子为基础,遵循流域水文生态分区原则,构建适用于干旱内陆河流域的水文生态分区指标体系,划分干旱内陆河流域水文生态格局。综合以上所有分析内容与手段,提出了干旱内陆河流域水文生态格局区域划分基本框架,如图 3.1 所示。

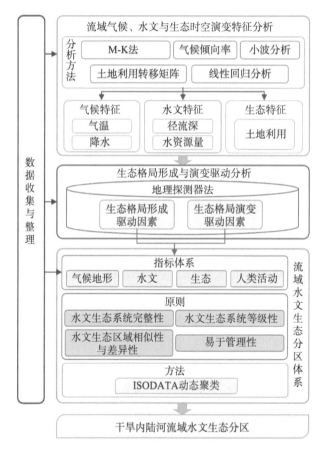

图 3.1　干旱内陆河流域水文生态格局区域划分基本框架

3.3　干旱内陆河流域水文与生态格局时空演变特征分析

3.3.1　流域水文与生态格局时空演变特征分析方法

　　选取统计检验时间序列趋势变化的 M-K 法,用于分析石羊河流域水资源量与生态格局组分的时间动态特征。利用空间统计分析,探析石羊河流域径流深空间分布特征。采用土地利用转移矩阵,分析石羊河流域生态格局时空演变特征。土地利用转移矩阵作为一种常用于分析区域土地利用与覆被特征的统计方法,能够全面细致地探明研究区域土地利用与覆被的组成结构以及某一研究时段内的土地利用与覆被类型之间相互转化的特征,剖析各类型之间的转移方向以及转换面积[146],其数学表达式为:

$$\boldsymbol{S}_{ij} = \begin{bmatrix} S_{11} & S_{12} & \cdots & S_{1n} \\ S_{21} & S_{22} & \cdots & S_{2n} \\ \vdots & \vdots & \ddots & \vdots \\ S_{n1} & S_{n2} & \cdots & S_{nn} \end{bmatrix} \tag{3.1}$$

式中,i 和 j 分别表示研究期初与研究期末用于表征研究区生态格局组分的土地利用与覆被类型;n 为研究区土地利用与覆被类型总数;S_{ij} 为研究期内第 i 类组分向第 j 类组分转化的面积(km²)。基于收集整理的石羊河流域土地利用数据,共计算了 5 个时段的石羊河流域土地利用转移矩阵,分别为 2000—2005 年、2005—2010 年、2010—2015 年、2015—2020 年以及 2000—2020 年。

3.3.2 石羊河流域水文与生态格局组成及空间分布特征

3.3.2.1 流域生态格局组成

通过对石羊河流域 2000—2020 年土地利用数据进行统计分析,得到石羊河流域的生态格局组分构成,如图 3.2 所示。

从图中可以看出,2000 年至 2020 年,石羊河流域生态格局主要由草地、裸地、耕地以及林地 4 种组分构成。这 4 类组分在研究时段内的多年平均面积占比分别为 57.57%,23.84%,13.15% 以及 5.18%。居民地和其他用地类型的面积占比则相对较小,其多年平均面积分别仅占石羊河流域总面积的 0.16% 和 0.10%。草地和裸地占据石羊河流域生态格局的主导地位,二者合计占流域总面积的 80% 以上。

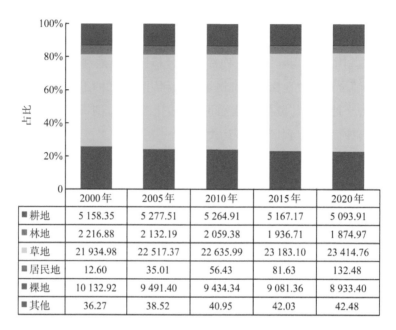

	2000年	2005年	2010年	2015年	2020年
■耕地	5 158.35	5 277.51	5 264.91	5 167.17	5 093.91
■林地	2 216.88	2 132.19	2 059.38	1 936.71	1 874.97
■草地	21 934.98	22 517.37	22 635.99	23 183.10	23 414.76
■居民地	12.60	35.01	56.43	81.63	132.48
■裸地	10 132.92	9 491.40	9 434.34	9 081.36	8 933.40
■其他	36.27	38.52	40.95	42.03	42.48

图 3.2　石羊河流域 2000—2020 年生态格局组分构成(单位:km²)

3.3.2.2　流域水文与生态格局特征

(1) 石羊河流域径流深空间分布特征

通过利用石羊河流域多年平均径流量数据分析计算,得到石羊河流域多年平均径流深空间分布情况,如图 3.3 所示。根据统计分析结果,石羊河流域多年平均径流深为 22.53 mm,自西南(流域上游方向)向东北(流域下游方向)逐渐减少。从图 3.3 中可以看出,石羊河流域多年平均径流深在空间上分异性较大,位于上游山区的天祝县、肃南县境内的径流深较大,最大径流深度可达151.98 mm;而地处下游荒漠区域的金川区和民勤县的径流深度较低,最低仅为 0.63 mm。

(2) 石羊河流域生态格局特征

图 3.4 反映了石羊河流域 2000 年至 2020 年生态格局总体情况。可以看出,草地作为石羊河流域内最主要的土地利用与覆被类型,广泛分布于整个研究区域,但其大部主要集中分布在上游山区及流域中游地段。裸地则是流域下游最主要的土地利用与覆被类型,主要分布在下游的民勤县和金川区,而其只有少部分零星分布在流域其他区域。而作为流域内的第三大生态格局组分,耕

地主要分布在上游河流出山口以下的中游地区,基本呈现出沿河流紧邻河岸分
布的特征。林地主要集中分布在流域上游海拔较高的地区;与之相反,居民地
则更多地以点状分布的形态分布于流域的中下游地区。

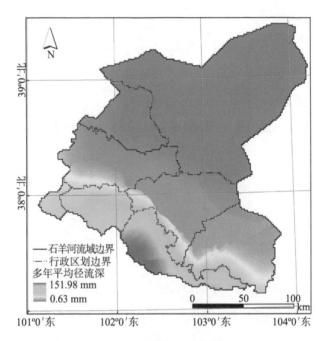

图 3.3　石羊河流域多年平均径流深空间分布

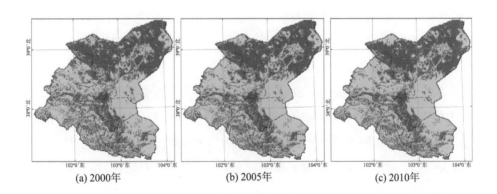

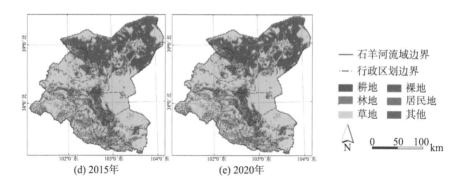

(d) 2015年　　　　　(e) 2020年

图 3.4　石羊河流域 2000—2020 年生态格局

3.3.3　石羊河流域水文与生态格局时空演变特征

3.3.3.1　流域水资源量时间动态变化

（1）石羊河流域水资源量变化特征

石羊河流域 2000—2020 年间地表水资源量及地下水资源量变化过程如图 3.5 所示。整个研究期内，石羊河流域地表水多年平均水资源量为 15.22 亿 m^3，最大地表水资源量为 21.51 亿 m^3，最小地表水资源量为 11.15 亿 m^3（图 3.5（a））。地表水资源量序列 M-K 趋势性检验的 Z 值为 -0.94，未通过显著性检验，说明石羊河流域地表水资源量在 2000—2020 年期间总体较为稳定，有小幅下降但趋势不明显。地表水资源量在 2004—2007 年出现小幅增长，2008 年之后有小幅下降，且水量变化在总体上处于较为稳定的状态。

2000—2020 年间，石羊河流域不重复地下水多年平均水资源量为 2.07 亿 m^3，最大值为 3.26 亿 m^3，最小值为 1.35 亿 m^3（图 3.5（b））。对不重复地下水资源量时间序列进行 M-K 趋势性检验，Z 值为 2.02，通过了 0.05 显著性水平检验，表明石羊河流域不重复地下水资源量在研究时段内呈显著增长趋势。其中，不重复地下水资源量在 2002—2004 年出现较大幅度的增长，之后到 2008 年有明显回落；从 2009 年开始的近 10 年，石羊河流域不重复地下水资源量总体上处于较为明显的增长阶段，这可能主要得益于 2007 年以来石羊河流域综合治理对于流域地下水开采的严格监管。

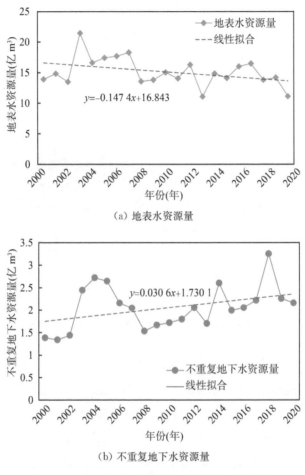

（a）地表水资源量

（b）不重复地下水资源量

图 3.5　2000—2020 年石羊河流域水资源量变化

（2）石羊河流域跨流域调入水量变化特征

长期以来,由于地处干旱内陆地区的石羊河流域水资源稀缺,为满足区域内社会经济发展及生态环境保护所需水量,石羊河流域自 20 世纪 90 年代便启动相关跨流域调水工程。因此,跨流域输水也是石羊河水资源的一个重要来源。2000—2020 年期间,石羊河跨流域调入水量变化特征如图 3.6 所示。

由图 3.6 可知,除 2002—2004 年没有进行跨流域输水,2000—2009 年间,输水量总体上较为稳定,年平均输水量为 0.62 亿 m³。这期间的输水主要是为了满足位于金昌市的国家镍钴生产基地所需生产用水而实施的"引硫济金工程"。随着 2007 年《石羊河流域重点治理规划》的启动实施,自 2010 年起通过景电二期调水工程引水至红崖山水库,并通过水库对下游尾闾湖泊青土湖开展生态输水工程。所以,石羊河流域从 2010 年起,其跨流域调入水量出现明显上升,并且在此后的 10 年间调入水量波动较小,2010—2020 年期间多年平均调入水量为 2.36 亿 m³。

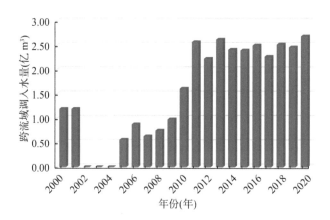

图 3.6　2000—2020 年石羊河流域跨流域调入水量变化

3.3.3.2　流域生态格局时空变化特征

（1）流域各生态格局组分构成面积时间动态变化

石羊河流域 2000 年至 2020 年各类生态格局组分构成面积时间动态变化如图 3.7 所示。除耕地面积在研究时段内呈现先增（2000—2006 年）后减（2006—2020 年）的变化趋势外,总体上其余所有类别的生态格局组分构成面积均呈现单调递增或递减的变化特征。通过对研究时段内各类生态格局组分构成变化进行 M-K 趋势检验,均通过了 0.01 置信水平的趋势检验,表明在近20 年的时间内,石羊河流域生态格局发生了明显的波动变化。

在耕地、林地、草地、居民地和裸地 5 种石羊河流域主要生态格局组成中,草地和裸地在 2000—2020 年期间分别为面积增长和减少最多的两种土地利用与覆被类型,草地面积增长了 1 479.78 km²,裸地面积减少了 1 199.52 km²;并且二者均在 2000—2004 年、2012—2014 年期间面积变化较大,其余时段面积变化速率较低或趋于稳定。居民地在整个研究时段内面积变化率最高且增长速率较为均匀,2020 年居民地面积相较于 2000 年增长了约 9.5 倍。耕地虽然在2000—2020 年期间以 2005 年为拐点呈先增后减的变化趋势,面积有较大幅度的波动,但其面积变化率在 5 种主要土地利用类型中最低,仅为 -1.25%,整个研究期间面积缩减 64.44 km^2。耕地和林地均在 2012—2013 年左右出现面积缩减幅度较大的情况。

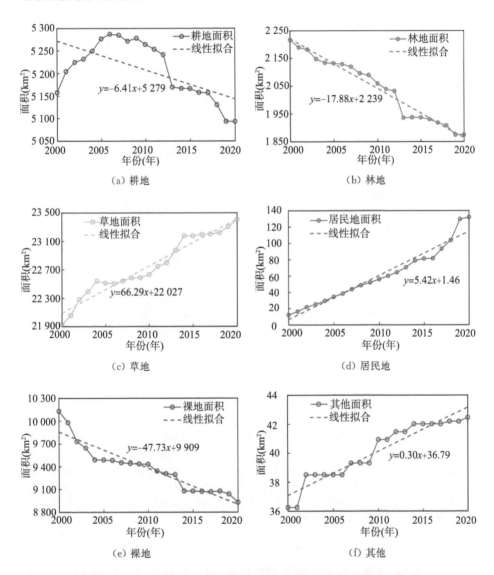

（a）耕地　　　　　　　　　　　　（b）林地

（c）草地　　　　　　　　　　　　（d）居民地

（e）裸地　　　　　　　　　　　　（f）其他

图 3.7　石羊河流域 2000—2020 年各类生态格局组分构成面积变化

可以看出,在近 20 年内,石羊河流域在城镇化快速推进的同时,生态环境有所改善,具体表现为裸地面积大幅缩减,植被面积增多,这与以前的研究结论基本一致[147,148]。这要归功于石羊河流域综合治理等政策手段对生态环境恢复所起到的重要作用[149]；而值得注意的是，虽然林地面积近年来缩减程度有所减缓，但相比于研究初期，其面积仍有相当程度的减小。

（2）流域生态格局组分构成间时空动态变化

石羊河流域 2000—2020 年生态格局各组分构成间的变化与转换关系如图 3.8 和图 3.9 所示。图 3.10 展示了 2000—2020 年石羊河流域生态格局空间变化情况。

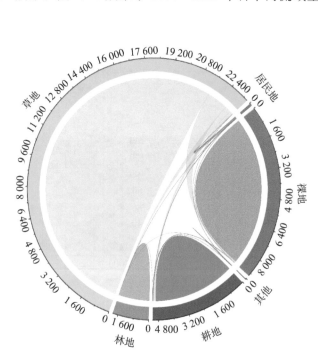

图 3.8　2000—2020 年石羊河流域生态格局组分构成间变化（单位：km²）

注：圆弧代表 2000—2020 年石羊河流域生态格局各组分构成发生转换后每种组分构成的面积；圆弧之间的连接线表示各类组分构成之间的转换关系；两种组分构成之间连接线的颜色表示在二者的转换中哪种组分构成的面积所占比例更高。例如：草地与裸地之间连接线的颜色为草地的颜色，表明裸地转为草地的面积较大。连接线的粗细表示两种组分构成之间转换面积的大小，连接线越粗表示两种组分构成之间的转换面积越大。

由图 3.8 和图 3.9 可知，在整个研究期间，石羊河流域生态格局的变化主要集中在耕地、草地和裸地之间的相互转换，林地转换为草地以及居民地的大幅扩张。2000—2020 年期间，耕地面积的增长主要是通过对草地和裸地进行开垦，二者分别占耕地增长总面积的 78.13% 和 21.68%。结合图 3.10，耕地的增长主要发生在流域的中下游地区。其中，71.49% 的增长主要发生在 2000

年至 2005 年,这也是整个研究时段内耕地面积显著增长的阶段(表 3.1),这与诸多学者的研究结论相一致[147,150,151]。究其原因,一方面是由于甘肃省分别在 1983 年和 1997 年先后提出实施"兴西济中"和"再造河西"战略,重点在于推进河西商品粮基地的建设并打造现代农业示范区[152,153];另一方面,随着 2000 年西部大开发战略的实施,流域内绿洲人口数量随着城镇化进程加快而迅猛增长,粮食需求增大的同时农产品价格连年上涨,引发了一轮绿洲开荒的热潮,耕地面积随之大幅增加[154]。而 2005 年之后耕地面积开始出现明显缩减,草地是耕地转出的最为主要的用地类型,占耕地转出总面积的 87.58%,主要散布在流域的中上游地区(图 3.10)。这主要是由于随着 2007 年《石羊河流域重点治理规划》等一系列生态保护措施的出台,石羊河流域上游开始出现大规模的生态移民,致使迁出地原有的耕地摞荒,同时下游也有部分农田退耕。这两方面原因再加上城镇化建设对耕地的占用,是导致 2005 年之后,研究区耕地面积出现大幅减少的最主要原因。

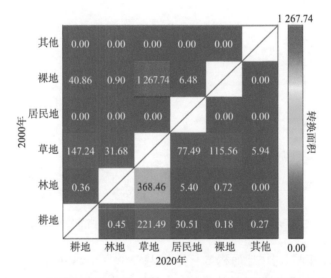

图 3.9　石羊河流域 2000—2020 年土地利用转移矩阵(单位:km²)

　　草地与裸地间的相互转化是石羊河流域生态格局最显著的变化类型。2000—2020 年,草地面积净增长 1 479.78 km²,其中约 77.86% 的增长来自裸地面积的减少(图 3.9)。从空间分布格局来看,整体上裸地向草地的转换较为零散地分布于流域的中下游地区,但其中大部分转换面积主要集

中分布在邻近巴丹吉林沙漠和腾格里沙漠边缘的流域东西两侧区域
（图3.10）。

此外，林地的缩减是草地面积增长的另一主要因素，这部分草地的增长则主要分布在流域的中上游地区。2012—2013年林地和耕地面积的大幅缩减是这一阶段草地增长速率增大的主要原因。虽然裸地的面积在整个研究期间显著减小，但仍有约115.56 km^{2}的草地转为裸地，并且这部分草地的退化主要发生在石羊河流域下游民勤绿洲的边缘地带。

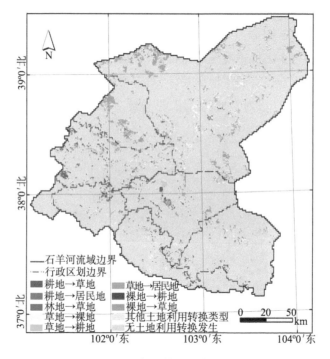

图3.10 2000—2020年石羊河流域生态格局空间变化

在近20年间，居民地面积增长了约119.88 km^2，各时期增长速率相对一致。居民地面积的不断增长主要来自对城镇周边的草地和农田的侵占，二者分别约占居民地增长总面积的65%和25%（图3.9）。空间上，居民地的增长主要集中在已有城镇周边，表明石羊河流域的城镇化主要是以城镇中心为基点呈点状向外不断推进扩张的。

表 3.1 石羊河流域 2000—2020 年不同时期土地利用转移矩阵

（单位：km²）

	2005 年						
用地类型	耕地	林地	草地	居民地	裸地	其他	总面积
耕地	5 142.78	0.09	12.51	2.97	0.00	0.00	5 158.35
林地	0.00	2 110.23	105.39	0.81	0.45	0.00	2 216.88
草地	98.82	21.60	21 780.00	17.55	14.76	2.25	21 934.98
居民地	0.00	0.00	0.00	12.60	0.00	0.00	12.60
裸地	35.91	0.27	619.47	1.08	9 476.19	0.00	10 132.92
其他	0.00	0.00	0.00	0.00	0.00	36.27	36.27
总面积	5 277.51	2 132.19	22 517.37	35.01	9 491.40	38.52	39 492.00

2000 年 对应行标题。

	2010 年						
用地类型	耕地	林地	草地	居民地	裸地	其他	总面积
耕地	5 241.51	0.00	32.85	3.15	0.00	0.00	5 277.51
林地	0.00	2 058.39	71.73	1.80	0.27	0.00	2 132.19
草地	21.24	0.99	22 424.58	16.11	52.02	2.43	22 517.37
居民地	0.00	0.00	0.00	35.01	0.00	0.00	35.01
裸地	2.16	0.00	106.83	0.36	9 382.05	0.00	9 491.40
其他	0.00	0.00	0.00	0.00	0.00	38.52	38.52
总面积	5 264.91	2 059.38	22 635.99	56.43	9 434.34	40.95	39 492.00

2005 年 对应行标题。

	2015 年						
用地类型	耕地	林地	草地	居民地	裸地	其他	总面积
耕地	5 167.08	0.09	90.27	7.38	0.09	0.00	5 264.91
林地	0.00	1 934.82	123.66	0.90	0.00	0.00	2 059.38
草地	0.09	1.80	22 599.90	16.92	16.20	1.08	22 635.99
居民地	0.00	0.00	0.00	56.43	0.00	0.00	56.43
裸地	0.00	0.00	369.27	0.00	9 065.07	0.00	9 434.34
其他	0.00	0.00	0.00	0.00	0.00	40.95	40.95
总面积	5 167.17	1 936.71	23 183.10	81.63	9 081.36	42.03	39 492.00

2010 年 对应行标题。

续表

	2020 年							
	用地类型	耕地	林地	草地	居民地	裸地	其他	总面积
2015 年	耕地	5 061.42	0.27	95.40	9.72	0.09	0.27	5 167.17
	林地	0.00	1 866.33	70.02	0.36	0.00	0.00	1 936.71
	草地	27.00	8.37	23 063.76	36.00	47.79	0.18	23 183.10
	居民地	0.00	0.00	0.00	81.63	0.00	0.00	81.63
	裸地	5.49	0.00	185.58	4.77	8 885.52	0.00	9 081.36
	其他	0.00	0.00	0.00	0.00	0.00	42.03	42.03
	总面积	5 093.91	1 874.97	23 414.76	132.48	8 933.40	42.48	39 492.00

3.4 干旱内陆河流域生态格局形成与演变驱动分析

3.4.1 流域生态格局形成与演变驱动分析方法

3.4.1.1 驱动因子选取及预处理

作为典型的干旱内陆河流域,石羊河流域总体上呈现干旱少雨、气温与降水空间异质性显著、水资源短缺以及社会经济高速发展与生态保护矛盾较为突出等特点。因此,选取与气候变化、地形和人类活动相关的 11 个潜在影响因子,对石羊河流域生态格局的形成与演变开展归因分析。归因分析主要分为两部分:①石羊河流域生态格局形成的归因分析;②石羊河流域生态格局变化的归因分析。

对于生态格局形成归因分析,因变量为研究期内不同时间节点流域生态格局组分构成的总面积,自变量为各因子对应同期的统计量。对于生态格局变化的归因分析,因变量为 2000—2020 年流域生态格局变化类型的面积,自变量为除海拔、至河流距离、至城镇距离以外的各因子的变化量,即利用各因子 2020 年的统计量减去对应的 2000 年的统计量来反映研究期间气候与人类活动的变化。具体变量选取及其含义见表 3.2 和表 3.3。

表 3.2　石羊河流域生态格局形成驱动分析变量表

变量	编码	变量含义
因变量	CLA	单位网格单元中耕地的面积(km^2)
	FSA	单位网格单元中林地的面积(km^2)
	GLA	单位网格单元中草地的面积(km^2)
	SLA	单位网格单元中居民地的面积(km^2)
	BLA	单位网格单元中裸地的面积(km^2)
自变量	X_1	单位网格单元中的年均气温(℃)
	X_2	单位网格单元中的年降水量(mm)
	X_3	单位网格单元中的海拔(m)
	X_4	单位网格单元中的人口密度(人/km^2)
	X_5	单位网格单元中的 GDP 值（亿元）
	X_6	单位网格单元中的人均 GDP 值(万元/人)
	X_7	单位网格单元中的总用水量(亿 m^3)
	X_8	单位网格单元中的地表水供水量(亿 m^3)
	X_9	单位网格单元中的地下水供水量(亿 m^3)
	X_{10}	单位网格单元中的至河流距离(km)
	X_{11}	单位网格单元中的至城镇距离(km)

表 3.3　石羊河流域生态格局变化驱动分析变量表

变量	编码	变量含义
因变量	CTG	单位网格单元中耕地转草地的面积(km^2)
	CTS	单位网格单元中耕地转居民地的面积(km^2)
	FTG	单位网格单元中林地转草地的面积(km^2)
	GTB	单位网格单元中草地转裸地的面积(km^2)
	GTC	单位网格单元中草地转耕地的面积(km^2)
	GTS	单位网格单元中草地转居民地的面积(km^2)
	BTC	单位网格单元中裸地转耕地的面积(km^2)
	BTG	单位网格单元中裸地转草地的面积(km^2)
自变量	Z_1	单位网格单元中年均气温变化量(℃)
	Z_2	单位网格单元中年降水量变化量(mm)
	Z_3	单位网格单元中的海拔(m)
	Z_4	单位网格单元中的人口密度变化量(人/km^2)

续表

变量	编码	变量含义
自变量	Z_5	单位网格单元中的 GDP 变化量(亿元)
	Z_6	单位网格单元中的人均 GDP 变化量(万元/人)
	Z_7	单位网格单元中的总用水量变化量(亿 m^3)
	Z_8	单位网格单元中的地表水供水量变化量(亿 m^3)
	Z_9	单位网格单元中的地下水供水量变化量(亿 m^3)
	Z_{10}	单位网格单元中的至河流距离(km)
	Z_{11}	单位网格单元中的至城镇距离(km)

对所有自变量数据进行离散化,离散化后的自变量数据分别用于开展相应的驱动分析。不同自变量的具体离散化方法及离散后各自变量不同层级的阈值范围见表3.4、表3.5。

表 3.4　石羊河流域生态格局形成与变化的 11 个潜在驱动因子数据的离散化方法

因子	离散化方法	离散层级个数	单位
X_1，Z_1	自然断点法	8	℃
X_2，Z_2	自然断点法	8	mm
X_3，Z_3	分位数法	6	m
X_4，Z_4	自然断点法	5	人/km^2
X_5，Z_5	自然断点法	5	亿元
X_6，Z_6	自然断点法	5	万元/人
X_7，Z_7	自然断点法	8	亿 m^3
X_8，Z_8	自然断点法	6	亿 m^3
X_9，Z_9	自然断点法	6	亿 m^3
X_{10}，Z_{10}	自然断点法	8	km
X_{11}，Z_{11}	自然断点法	8	km

表 3.5　石羊河流域生态格局变化潜在驱动因子数据离散化后各层级阈值范围

因子	Level_1	Level_2	Level_3	Level_4	Level_5	Level_6	Level_7	Level_8
Z_1 (℃)	[0.16, 0.22)	[0.22, 0.27)	[0.27, 0.31)	[0.31, 0.36)	[0.36, 0.43)	[0.43, 0.50)	[0.50, 0.58)	[0.58, 0.67]
Z_2 (mm)	[−274.51, −191.08)	[−191.08, −146.67)	[−146.67, −108.98)	[−108.98, −71.30)	[−71.30, −37.66)	[−37.66, −12.09)	[−12.09, 13.48)	[13.48, 70.00]

续表

因子	Level_1	Level_2	Level_3	Level_4	Level_5	Level_6	Level_7	Level_8
Z_3 (m)	[1 228, 1 350)	[1 350, 1 439)	[1 439, 1 579)	[1 579, 1 940)	[1 940, 2 633)	[2 633, 4 795]		
Z_4 (人/km²)	[−58.13, −26.80)	[−26.80, −16.98)	[−16.98, −9.91)	[−9.91, −1.00)	[−1.00, 20.49]			
Z_5 (亿元)	[3.51, 57.62)	[57.62, 96.45)	[96.45, 156.45)	[156.45, 236.45)	[236.45, 304.68]			
Z_6 (万元/人)	[2.22, 3.54)	[3.54, 4.87)	[4.87, 6.23)	[6.23, 7.77)	[7.77, 10.30]			
Z_7 (亿 m³)	[−1.43, −1.23)	[−1.23, −0.83)	[−0.83, −0.46)	[−0.46, −0.18)	[−0.18, 0.12)	[0.12, 0.52)	[0.52, 1.03)	[1.03, 1.64]
Z_8 (亿 m³)	[−0.76, −0.39)	[−0.39, −0.14)	[−0.14, 0.19)	[0.19, 0.72)	[0.72, 1.41)	[1.41, 2.01]		
Z_9 (亿 m³)	[−3.19, −2.45)	[−2.45, −1.69)	[−1.69, −1.05)	[−1.05, −0.46)	[−0.46, 0.04)	[0.04, 0.81)		
Z_{10} (km)	[0, 6.38)	[6.38, 14.15)	[14.15, 23.26)	[23.26, 32.90)	[32.90, 43.72)	[43.72, 56.96)	[56.96, 73.50)	[73.50, 98.22]
Z_{11} (km)	[0, 5.82)	[5.82, 10.36)	[10.36, 15.21)	[15.21, 20.44)	[20.44, 26.65)	[26.65, 34.35)	[34.35, 44.26)	[44.26, 63.51]

3.4.1.2　地理探测器

采用地理探测器对石羊河流域生态格局形成与演变的驱动力进行分析。地理探测器是一种用于检测空间异质性并揭示其背后驱动力的统计方法。该方法无线性假设,其核心思想为:如果一种自变量对因变量有显著的影响,则二者的空间分布应该是趋同的。地理探测器的基本原理为假设研究区被划分为若干子区域,若各子区域方差之和小于研究区域总方差,则存在空间异质性;若两个变量的空间分布趋同,则二者之间存在统计相关性[155,156]。

地理探测器主要由 4 个探测器组成,分别为因子探测器、交互探测器、风险探测器和生态探测器。因子探测器用于定量识别影响因变量的驱动因素。统计量 q 用于衡量各因子对因变量的解释力大小,其数学表达式如下:

$$q = 1 - \frac{1}{N\sigma^2} \sum_{h=1}^{L} N_h \sigma_h^2 \qquad (3.2)$$

式中,q 表示某一因子对生态格局组分构成(如耕地)的空间分布格局形成的解释力,或某一因子对生态格局变化(如耕地转居民地)的解释力;$h=1,\cdots,L$ 为因子 X 或 Z 的分层或分区;N_h 和 N 分别表示分层 h 和整个研究区域的网格数;σ_h^2 和 σ 分别为分层 h 和整个研究区域因变量的方差。

统计量 q 的取值范围为[0,1]。q 值越大,说明因子对因变量的解释能力越强,反之亦然。若 $q=1$,则表示该因子完全控制了因变量的空间分布;若该因子与因变量之间无任何关联,则 $q=0$。统计量 q 的简单变换满足非中心 F 分布,用于确定显著性水平[155]。

风险探测器不仅可以用来判断因变量在某一因子的两个层级之间的均值是否存在显著差异,还可以得到因变量在因子不同层级水平上的均值。因此,通过采用风险探测器分析每种生态格局变化在其主要驱动因子不同层级水平上的平均面积,以评估驱动因子在其不同水平上对生态格局变化的影响差异。

采用地理探测器对石羊河流域生态格局形成与变化开展驱动分析的具体步骤如下:①利用因子探测器分别计算 2000—2020 年期间,不同时间节点 5 种生态格局组分构成(耕地、林地、草地、裸地、居民地)空间分布形成的各因子 q 值。为消除数据不确定性所带来的影响,取各因子 q 值的多年平均值来分析石羊河流域生态格局形成的驱动力。②利用因子探测器分别计算 2000—2020 年,石羊河流域 8 种生态格局变化类型的各驱动因子 q 值,用于分析石羊河流域生态格局变化的驱动力。③利用风险探测器分析 2000—2020 年,影响石羊河流域 8 种生态格局变化产生的主要驱动因子在不同水平上对生态格局变化的影响差异。

3.4.2 石羊河流域生态格局形成驱动力

石羊河流域生态格局组分构成的空间格局形成驱动分析结果如图 3.11 所示。结果表明,不同生态格局组分构成的空间格局形成所受到的主要驱动力各异。总体上,耕地和居民地的空间格局形成主要受地形因素(至城镇距离)和人类活动的影响;而林地、草地和裸地的空间格局形成则受到不同种自然和人类活动因素的共同驱动。

在整个研究时段内,地形因素中的至城镇距离对耕地空间格局形成的驱动力最大,约为 29.68%(图 3.11(a))。人口密度、GDP、总用水量、地表水供水量、地下水供水量和至河流距离因子的驱动力均在 16% 左右。剩余因子对耕地空间格局形成的驱动力均小于 10%,其中气温对耕地空间格局的驱动力最小,只有 0.80%。对于居民地空间格局,各因子的驱动力大小均要低于对其他 4 种生态格局组分空间格局形成的驱动力(图 3.11(d))。其中,q 值最大的两个因子为经济因素,即 GDP 和人均 GDP 对驱动居民地空间格局形成的影响最为强烈;至城镇距离的驱动力大小则位居经济因素之后,排在第三位。

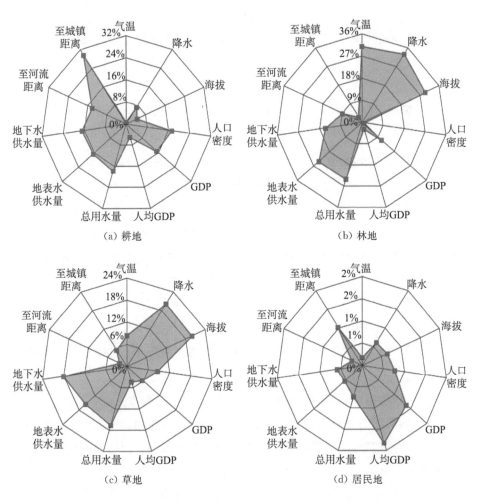

(a) 耕地　　　　　　　　　　(b) 林地

(c) 草地　　　　　　　　　　(d) 居民地

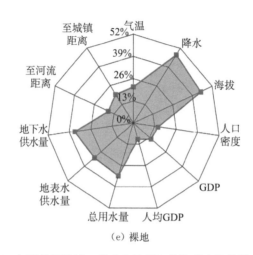

（e）裸地

图 3.11　2000—2020 年石羊河流域 5 种生态格局组分构成空间格局形成驱动因子 q 值图

注：图中所有潜在驱动因子的统计量 q 均通过了显著性检验。

对于林地而言，自然气候和海拔因素对其空间格局的形成更为重要，3 种因子的多年平均 q 值均在 30％左右（图 3.11（b））。相比之下，人口密度、人均GDP、至河流距离以及至城镇距离的驱动力均小于 10％。尤其是人口密度因子，其多年平均 q 值仅为 0.80％。草地空间格局形成的主要驱动因素为降水、DEM、总用水量、地表水供水量和地下水供水量，各因子的多年平均统计量 q 值均介于 15％至 20％之间，其余所有因子的 q 值均小于 10％。对于裸地空间格局的形成，影响最为显著的两个因素分别为年降水量和海拔，多年平均 q 值分别为 47.72％和 44.60％。总用水量、地表水供水量和地下水供水量的驱动力均在 30～35％左右。人均 GDP 对裸地空间格局形成的驱动力最低，约为8.49％（图 3.11（e））。

综上，作为组成石羊河流域内人工绿洲最主要的用地类型，居民地和耕地空间格局的形成主要是受人类活动的影响。其中，居民地作为人类活动的最主要聚集地，经济发展是影响其空间格局形成的主要因素。而耕地的空间分布形成，主要受至城镇距离、社会经济以及水资源供用情况等因素的影响。这主要是由于干旱区独特的地理区位、气候条件及水资源条件，使得耕种活动主要是依靠修建的大量人工灌渠等水利设施进行灌溉来维系。因此综合考虑灌溉设施的修建成本以及输水成本与效率，石羊河流域内的耕地主要紧邻分布在城镇周边。

作为流域内天然绿洲重要的植被组成,草地和林地空间格局均主要受到自然和人类因素的共同影响。二者空间分布与降水空间格局的相关性最大,其次是海拔。这是因为干旱内陆地区影响植被生长分布最为关键的因素是水分[157];并且,Han 等[158]曾在研究中指出,河西地区的土地覆被类型、分布以及气候条件极易受海拔变化的影响,是流域林草空间格局形成中不可忽视的要素之一。而伴随着人类开发活动所产生的取用水会改变地表径流量和地下水位,进而影响自然植被的生长[159]。人类活动对水资源的开发利用程度的大小也是影响流域内草地和林地生长分布的重要因素。

裸地作为石羊河这一典型干旱内陆河流域的特征地貌,其空间格局的形成更多地受流域内自然和人类活动的共同影响。裸地主要分布在干旱少雨的下游荒漠地带。由于分布在荒漠地区的天然植被主要依靠吸收地下水存活[160],地下水位过低会导致天然植被出现凋萎死亡,进而形成大片裸地[161];而人类因生产生活需要所进行的水资源供用活动在很大程度上影响着流域内地下水位情势[162],所以供用水量也是影响裸地空间分布的主要因素之一。

3.4.3　石羊河流域生态格局演变驱动力

3.4.3.1　潜在驱动因子变化特征

石羊河流域 2000—2020 年生态格局演变各潜在驱动因子变化的空间分布特征如图 3.12 所示。

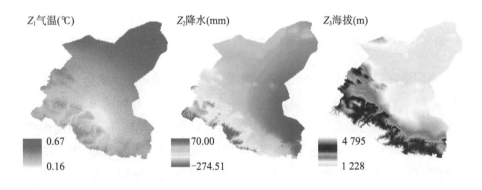

Z_1气温(℃)　　Z_2降水(mm)　　Z_3海拔(m)

0.67　　70.00　　4 795
0.16　　−274.51　　1 228

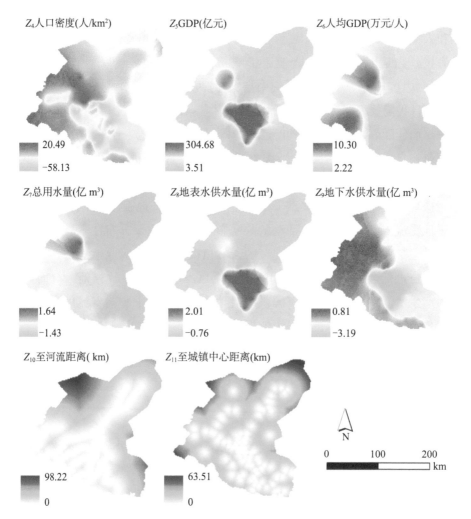

图 3.12　2000—2020 年石羊河流域生态格局演变潜在驱动因子变化空间分布特征

　　不同潜在影响因子的变化呈现出不同的时空特征。相比于研究时段初始的 2000 年,石羊河流域气温整体上升,东北部的气温上升幅度最大,部分上游山区的气温增幅也相对较大,而流域上游出山口附近区域的气温增幅则相对较小。降水的增长主要集中在流域中下游地区,而在研究区西南部,即上游祁连山地区,降水量则出现较为明显减少。人口密度变化的空间分布异质性较大,人口密度减少的情况主要出现在研究区东南大部分地区。GDP、地表水供水量的大幅增长主要集中在凉州区、金川区及二者毗邻区域。人均 GDP 增长较快的区域主要集中在金川区和肃南县。2020 年凉州区及其周边区域的总用水量及地下水供水量相比于 2000 年出现了大幅度的下降;而二者的增长则主要出现在金川区、永昌县及其周边。

3.4.3.2　石羊河流域生态格局演变驱动力分析

石羊河流域生态格局演变驱动分析结果如表 3.6、图 3.13 所示。归因分析结果表明,石羊河流域不同生态格局组分转换为同一组分类型的主要驱动因子基本相同。其中,GDP、总用水量因子的变化对耕地和草地向居民地的转换有较大的影响,表明人类活动是驱动耕地和草地向居民地发生转换的主要影响因子(图 3.13(b)、(f))。各项因子对草地以及裸地转变为耕地的解释力大小较为相似;这两种生态格局变化类型主要受海拔、至城镇距离变化的影响,表明耕地的增长不仅受人类活动的影响,还与地形因素密切相关(图 3.13(e)、(g))。

表 3.6　石羊河流域生态格局演变因子探测器分析结果　　　　（单位:%）

生态格局变化	气温	降水	海拔	人口密度	GDP	人均GDP	总用水量	地表水供水量	地下水供水量	至河流距离	至城镇距离
耕地→草地	1.28	2.43	1.53	0.10	0.38	0.92	1.36	1.31	1.27	1.41	0.92
耕地→居民地	0.83	0.34	0.60	0.18	1.64	0.30	1.08	1.12	1.07	0.28	1.09
林地→草地	1.14	4.97	3.74	0.44	0.24	2.16	2.65	1.31	1.85	1.20	0.45
草地→裸地	0.65	0.62	0.75	0.73	0.34	0.58	0.62	0.50	0.41	0.16	0.50
草地→耕地	0.42	0.20	1.11	0.06	0.40	0.28	0.13	0.23	0.24	0.35	0.77
草地→居民地	0.70	0.67	1.04	0.46	2.04	1.90	9.22	1.56	1.61	0.39	1.52
裸地→耕地	0.21	0.15	0.37	0.20	0.11	0.20	0.06	0.13	0.05	0.13	0.34
裸地→草地	2.18	2.65	3.79	0.99	2.34	1.68	2.03	0.64	0.52	5.83	2.68

注:表中人口密度对草地→耕地、总用水量对裸地→耕地、至河流距离对裸地→耕地的 q 值结果的非中心 F 分布统计量 p 值大于 0.05,未通过显著性检验。其余各项因子 q 值均通过显著性检验。

草地向裸地发生转变受到自然和人类活动多重因素变化的共同影响;除 GDP、供水量和地形因素外,其余因子对草地转为裸地都有较为明显的影响(图 3.13(d))。降水、总用水量的变化以及流域内的地形差异对耕地和林地向草地的转化有较为显著的影响(图 3.13(a)、(c))。海拔与至河流距离等地形因素,则对裸地向草地的转化起到了主导作用(图 3.13(h))。

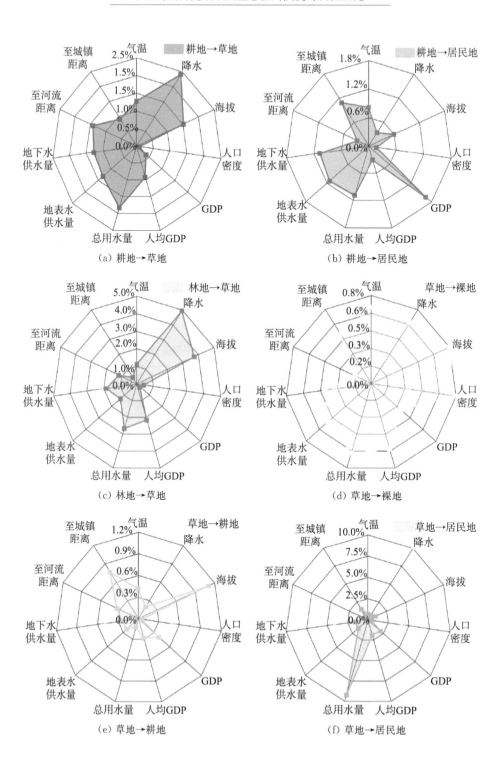

(a) 耕地→草地

(b) 耕地→居民地

(c) 林地→草地

(d) 草地→裸地

(e) 草地→耕地

(f) 草地→居民地

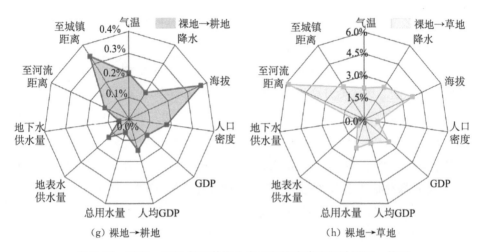

图 3.13 2000—2020 年石羊河生态格局演变类型驱动因子 *q* 值图

注:图中除海拔、至河流距离、至城镇距离因子外,其余各因子均为 2000—2020 年期间的变化量。

3.4.3.3 驱动因子在不同水平上对生态格局演变的影响差异分析

石羊河流域 2000—2020 年不同生态格局演变的驱动因子在不同水平上的影响差异分析结果如图 3.14 所示。结果表明,生态格局变化程度在不同驱动因子水平之间存在较为明显的差异,不同生态格局组分构成转变为同一类别组分构成的面积在其主要驱动因子的不同层级水平上具有较为相似的分布特征。

居民地扩张与城市经济增长密切相关,随着 GDP 增幅的增长,居民地的扩张程度呈上升趋势(图 3.14(a))。在 GDP 增长幅度超过 156 万元的地区,耕地和草地转变为居民地的面积分别为 23.76 km² 和 61.65 km²,各占其总转换面积的约 80% 和 78%。另外,用水量的变化对于居民地扩张的影响程度随着其增幅的上涨而不断增大(图 3.14(b))。

由图 3.14(c)、(d)所示,随着地形因子数值(海拔、至城镇距离)的增大,草地和裸地转为耕地的面积大体呈先上升后下降的变化特征。其中,在海拔为 1 439～1 579 m 的区域,草地转为耕地的面积最大,约达 82.35 km²;裸地转耕地面积最大的区域则主要分布在研究区内海拔为 1 350～1 439 m 的地区。分别有约 83% 和 66% 的草地转耕地以及裸地转耕地发生在至城镇中心 10.36 km 范围内的区域。

对于草地转变为裸地这一生态格局变化,由于其受到多因子共同驱动,不同因子变化对其影响程度有较为明显的差异(图 3.14(e)～(j))。就气象因素而言,随着气温的逐渐升高、降水量变化趋于稳定,二者对于草地转裸地的影响程度呈现逐渐增强的变化特征(图 3.14(e)、(f))。就地形因素而言,草地转为裸地的面积随海拔逐渐升高呈现先增后减的变化趋势,在海拔高度为 1 350～1 439 m 的区域变化面积达到最大(图 3.14(g))。就人类活动因素而言,人口密度减少 1.00～9.91 人/km² 以及人均 GDP 增长幅度为 3.54～4.87 万元/人时对于草地转换为裸地的影响最大(图 3.14(h)、(i))。此外,就用水量变化而言,草地转裸地整体上呈现先减小后增大的变化特征(图 3.14(j))。

农田和林地转为草地的转换面积在其主要驱动因子的不同层级水平上具有相似的分布格局(图 3.14(k)～(m))。随研究区降水变幅的增大,二者转为草地的面积先增大后减小(图 3.14(k));当降水减少幅度为 71.30～108.98 mm 及108.98～146.67 mm 时,耕地和林地的转换面积分别为 142.02 km² 和 302.49 km²,各约占其总转换面积的 64% 和 82%。海拔因素对这两种转化的影响则随着海拔升高而不断增强(图 3.14(l));在海拔为 1 940 m 以上的区域,耕地和林地向草地转化的平均面积较大。而耕地和林地转换为草地的面积则随着用水量的变化呈现先增大后减少的变化特征,二者均在用水量变化为-0.18 至 0.12 亿m³/km² 的区域转换面积达到最大(图 3.14(m))。

对于裸地转草地,随着至河流距离的不断增大,转换面积逐渐升高(图 3.14(o))。而海拔对裸地转为草地的影响,则随高度不断升高呈现先增大后减小的变化特征(图 3.14(n))。

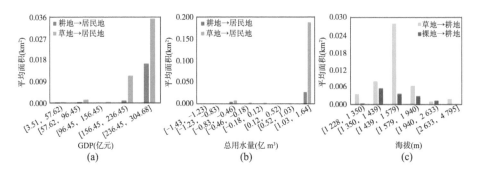

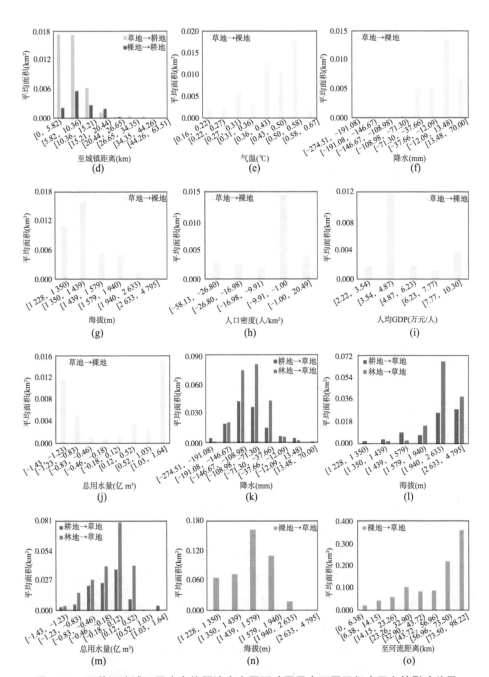

图 3.14　石羊河流域不同生态格局演变主要驱动因子在不同层级水平上的影响差异

注:图中横坐标为不同因子离散化后所生成的不同层级;各因子数据的离散化方法见表 3.4。除海
　拔、至河流距离、至城镇距离因子外,其余各因子均为 2000—2020 年期间的变化量。

3.5 干旱内陆河流域水文生态格局划分研究

3.5.1 流域水文生态格局划分原则

流域水文生态分区的目的就是要将流域内具有不同水文生态组成结构及演变特征的区域进行划分,并基于不同分区的水文生态演变规律,科学高效地实施开发利用与调控保护。因此,流域水文生态分区的原则既需要在保证流域水文生态系统完整性的前提下,充分考虑和体现不同区域间水文生态特征的异质性,还要秉持以人为本的发展理念,不能全然为保护生态而牺牲基本的生存发展,同时要便于后期流域整体的开发与管理工作的开展。流域水文生态格局划分需遵循如下几项原则[17,163,164]:

(1)水文生态系统的完整性原则:自然界中任一水文生态系统都具有开放性,相邻的系统之间通过物质与能量交换相互联系,而不是各自独立存在。所以,在进行水文生态格局划分时,应从流域、整体且较为宏观的角度开展,保证水文生态系统的完整性。

(2)水文生态区域的相似性与差异性原则:水文生态分区应保证同一区域内的水文生态系统组成结构与变化特征最大限度的相似或一致,而区域之间的差异则要尽可能最大。水文生态分区正是根据不同水文生态区域之间内部的相似性和区域间的差异性进行识别和区分的,是水文生态分区的基本原则。

(3)水文生态系统的等级性原则:该原则是要能体现流域内水文情势的丰枯程度、生态系统基底的优劣程度以及人类活动影响的强弱程度等,这些共同决定了水文生态格局区域之间的不同特性及等级差异。

(4)易于管理原则:所有水文生态分区研究的出发点和最终目的都是为了方便人们更加科学合理、便捷高效地对流域水文生态系统进行调控管理与保护。因此,在根据水文生态格局自身的水文生态特征进行区划的同时,需要充分考虑和兼顾行政区域边界的完整,以便有利于后续相关管理活动的组织协调与开展;同时,对于已有的自然保护区等具备了相应管理标准及运行模式的重点保护区,应尽可能地考虑将其划分至同一区域内。

3.5.2　干旱内陆河流域水文生态格局划分指标体系

水文生态格局划分指标的选取是流域水文生态格局划分的关键,要尽可能地反映不同水文生态分区的水文生态特征及分异规律。气候条件、地形地貌、水文情势、植被生长与人类活动共同影响和决定着一个流域的水文生态组成结构及演变规律。对于指标的选取既要考虑影响流域水文生态基底形成的气候、地形等基本要素,选取能反映不同水文生态基底特征的水文、生态指标,并将能体现人类活动对于水文生态分区影响强弱的指标纳入进来。

干旱内陆河流域气候条件分异性大、水资源严重匮乏且空间分布极为不均、生态环境脆弱、人类活动范围高度集中等流域特性,使得在选取干旱内陆河流域水文生态格局划分指标时,既要充分突出干旱内陆河流域内重要的生态系统、体现流域水文生态格局特征和人类活动的分布影响,同时还要能在一定程度上反映出流域存在的主要问题,如土地荒漠化、流域上下游用水矛盾、社会经济用水挤占生态用水等。基于以上对干旱内陆河流域特征的考量,以影响石羊河流域生态格局形成与演变的各项驱动因子为基础,根据流域水文生态格局划分内涵与原则,参考以往相关研究,并充分考虑分区指标相关数据的可获得性,选取水文生态格局划分所用指标,构建适用于干旱内陆河流域的水文生态格局划分指标体系。具体指标选择如下:

(1) 气候地形要素

气候条件和地形是塑造流域水文生态基底、影响水文生态循环、决定水文生态特征的重要因子。选取能反映流域水热条件和地形空间分异特征的降水、气温及海拔作为分区指标。

(2) 水文要素

水文要素作为体现流域水文特征的重要因子,对于流域生态格局的形成起到了重要作用。选用流域多年平均径流深作为体现流域水文特征的指标进行分区。

(3) 生态要素

土地利用与覆被作为流域生态格局的具体体现,其分布格局与变化不仅直观体现了流域的生态特征,也影响着流域水文循环过程,尤其是对于水资源极为匮乏的干旱内陆河流域影响更为深刻。将不同土地利用与覆被类型在流域中所占的面积比例选作反映流域生态特征的分区指标。

（4）人类活动要素

人类活动强度是影响流域水文生态特征差异的一项重要因素。选取人口密度、人均 GDP、地表水供水量和地下水供水量作为衡量人类活动强度的指标因子。其中，考虑到地下水作为干旱内陆河流域大部分区域的重要水源，地下水供给能力决定了相关区域的生产生活水平[165]，将地下水供水量选作体现干旱内陆河流域人类活动要素的重要指标之一。

3.5.3　流域水文生态格局划分方法

根据流域水文生态格局划分的内涵，流域水文生态格局划分是将流域中具有相同或相似的水文生态特征的地块聚集成一个特征区域，从而使流域不同分区内部水文生态环境组成结构与功能特征最大程度趋于一致，而不同分区之间差异性最大。因此，划分过程也即聚类过程，是将数据对象分成多个类或簇的过程，最终使同类的对象间具有高度的相似性，不同类的对象间高度相异[144]。

迭代自组织数据分析算法（Iterative Self-Organizing Data Analysis Techniques Algorithm，ISODATA）是一种常见的动态聚类分析算法[166]，已被广泛应用于遥感解译[167]、电力通信[168]、医学[169]等诸多研究领域。ISODATA 动态聚类不仅可以通过预先设置初始分类数目，通过数据对象内部的自动"分裂"与"合并"过程，生成较为合理的聚类结果，还可以通过调整数据对象所属类别完成数据对象的聚类分析[170]。相比于主成分分析、层次分析等聚类方法，ISODATA 聚类算法具有便捷高效且聚类结果主观随意性较小等优点。综上，选取 ISODATA 动态聚类法对石羊河流域水文生态格局进行划分。关于 ISODATA 聚类分析的详细算法步骤可参见相关文献[166,170]。具体分析过程如下：

（1）利用表征流域气候、水文和地形条件的指标数据，即气温、降水量、径流深和海拔，对石羊河流域进行水文气候基底划分，给定预计聚类数目为 3，并设置相关控制参数，经过多次迭代得到石羊河流域水文气候格局划分结果。

（2）利用表征流域社会经济发展活动的 4 项指标数据，即人口密度、人均 GDP、地表水源供水量和地下水源供水量，对石羊河流域进行人类活动格局划分，参照步骤（1）设置的相关参数，经过多次迭代得到石羊河流域人类活动格局划分结果。

（3）基于步骤（1）和步骤（2）得到的流域水文气候格局划分和人类活动格局划分结果，对二者进行空间叠加分析，在遵循格局划分原则的条件下，对叠加后的格局划分结果进行调整，得到石羊河流域人类活动干扰下的水文气候格局，将其作为石羊河流域水文生态一级分区结果。

（4）基于流域水文生态一级分区，分别提取统计各一级分区内表征生态特征的土地利用情况。利用所提取的各一级分区内的土地利用数据，通过参照步骤（1）中的相关设置进行聚类分析，经过多次迭代得到初始的石羊河流域水文生态二级分区。

（5）结合流域水文生态格局划分原则，对初始分区结果的边界进行调整，以使流域水文生态分区更加便于后期确定保护目标及调控管理工作的开展，并最终得到石羊河流域水文生态分区。

考虑到数据的可获得性，对石羊河流域开展水文生态格局划分所用的指标数据均采用流域多年平均值。其中，气象数据采用 1973—2020 年多年平均栅格数据，用以反映流域内总体的气候环境条件；表征人类活动的 4 项指标数据均采用 2000—2020 年多年平均栅格数据；土地利用数据选用 2000—2020 年各时间节点（即 2000 年、2005 年、2010 年、2015 年和 2020 年）的土地利用栅格数据。

为消除不同指标数据量纲可能对分区结果所带来的影响，在流域水文生态格局划分前，对所有指标数据进行归一化处理。采用最为常用的线性函数归一化（又称最大-最小值归一化或离差标准化）对指标数据进行归一化，该方法主要是对原始数据进行线性变换，使结果映射到[0，1]阈值范围内。具体数学公式如下：

$$D_R = \frac{D - D_{\min}}{D_{\max} - D_{\min}} \tag{3.3}$$

式中，D_R 为归一化指标栅格数据；D 为原始指标栅格数据；$D_{\min}$ 为原始指标栅格数据中的最小值；$D_{\max}$ 为原始指标栅格数据中的最大值。

3.5.4　石羊河流域水文生态格局划分结果及其特征分析

根据干旱内陆河流域水文生态格局划分原则及方法，将石羊河流域划分为上游自然山地产水区、中游平原绿洲耗水区和下游荒漠平原需水区3个水文生态一级分区,以及中游天然绿洲耗水区、中游人工绿洲耗水区、下游荒漠绿洲耗散区和下游人工荒漠绿洲耗水区4个水文生态二级分区,划分结果如图3.15所示,各分区指标平均值分别见表3.7和表3.8。

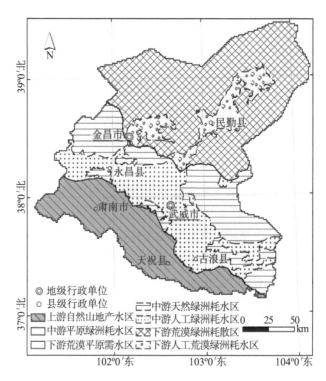

图3.15 石羊河流域水文生态分区

表3.7 石羊河流域水文生态一级分区各指标平均值

指标因子	一级分区		
	上游自然山地产水区	中游平原绿洲耗水区	下游荒漠平原需水区
降水量(mm)	352.61	216.45	122.90
气温(℃)	0.24	6.30	8.27
海拔(m)	3 052.67	1 904.88	1 390.65
径流深(mm)	86.42	15.90	1.24
人口密度(人/km²)	47.51	99.31	22.74

续表

指标因子	一级分区		
	上游自然 山地产水区	中游平原 绿洲耗水区	下游荒漠 平原需水区
人均 GDP(万元/人)	2.24	1.77	2.09
地表水源供水量(亿 m^3)	1.48	3.22	1.66
地下水源供水量(亿 m^3)	0.88	1.98	1.10
耕地+居民地占流域总面积的比例(%)	2.37	8.34	2.59
林地占流域总面积的比例(%)	4.04	1.03	0.10
草地占流域总面积的比例(%)	12.07	27.59	17.92
裸地占流域总面积的比例(%)	0.00	0.53	23.31

表 3.8　石羊河流域水文生态二级分区各指标平均值

指标因子	二级分区			
	中游天然 绿洲耗水区	中游人工 绿洲耗水区	下游荒漠 绿洲耗散区	下游人工荒 漠绿洲耗水区
降水量(mm)	208.38	225.26	122.21	126.61
气温(℃)	6.36	6.23	8.22	8.55
海拔(m)	1 876.19	1 936.13	1 393.81	1 373.73
径流深(mm)	13.60	18.42	1.19	1.51
人口密度(人/km^2)	84.95	114.96	22.26	25.30
人均 GDP(万元/人)	1.96	1.56	2.03	2.40
地表水源供水量(亿 m^3)	2.85	3.62	1.65	1.68
地下水源供水量(亿 m^3)	1.72	2.26	1.10	1.07
耕地+居民地占各自一级分区 总面积的比例(%)	0.72	21.52	0.13	5.77
林地占各自一级分区总面积的比例(%)	0.43	23.44	31.57	9.20
草地占各自一级分区总面积的比例(%)	50.09	2.33	0.09	0.14
裸地占各自一级分区总面积的比例(%)	0.92	0.50	52.48	0.55

3.5.4.1　上游自然山地产水区

上游自然山地产水区主要分布在上游祁连山区的肃南县、山丹县和天祝县境内,平均海拔 3 053 m,约占流域总面积的 18.5%,是水文生态分区中面积最小的分区。分区内多年平均降水量为 352.61 mm,平均气温为 0.24℃,属高寒半干旱半湿润区。区域内较为充沛的降水和较低的气温,有利于地表径流的形成,分区内多年平均径流深约为 86.42 mm,是石羊河流域重要的水源地。该区覆被类型主要以天然林地和草地为主,人类活动影响较小,其中林地的面积是所有分区中占比最大的。因此,上游自然山地产水区既是石羊河流域的产水区,也是重要的水源涵养保护区。

3.5.4.2 中游平原绿洲耗水区

中游平原绿洲耗水区主要位于石羊河流域的武威市凉州区、古浪县、金昌市金川区部分地区和永昌县大部境内,区域平均海拔 1 904.88 m,相比于上游自然山地产水区,地势相对平坦,约占流域总面积的 37.5%。区域内多年平均降水量为 216.45 mm,平均气温为 6.30℃,属温凉干旱区。分区内产流较少,多年平均径流深为 15.90 mm。该分区是石羊河流域内人类活动的主要聚集地,是流域社会经济发展的要地。作为反映流域人类活动指标的人口密度、地表水源供水量、地下水源供水量和耕地与居民地的面积占比都是流域内 3 个水文生态一级分区中最大的。

中游平原绿洲耗水区内主要的人类活动都聚集在中游人工绿洲耗水水文生态二级区划内。其中,中游平原绿洲耗水区中近 97% 的耕地和居民地都分布在中游人工绿洲耗水水文生态二级分区内,分区内的产业主要以农业生产为主。此外,分区内也分布有较大面积的林草资源,草地面积占流域总面积的比例接近 28%,且中游平原绿洲耗水区中近 2/3 的林草地分布在中游自然绿洲耗水区内。较强的人类活动以及较为广泛的植被生长分布,决定了中游平原绿洲耗水区是石羊河流域水资源最为主要的消耗区域。

3.5.4.3 下游荒漠平原需水区

下游荒漠平原需水区基本包含了民勤县全境和金昌市金川区的大部地区,平均海拔 1 390.65 m,是石羊河流域水文生态分区中面积最大的分区。分区内多年平均降水量仅为 122.90 mm,平均气温约为 8.27℃,属干旱荒漠区。干旱少雨的气候环境使得区域内产水量极低,区域内多年平均径流深仅为 1.24 mm。极低的水资源量使得分区内的自然环境和人类活动发展可用水量较少,多数情况下无法满足正常的植被生长和社会经济发展所需。因此,下游荒漠平原需水区内的土地覆被主要以裸地为主,中间镶嵌分布有人工和天然荒漠绿洲;几乎整个流域的裸地都集中分布在下游荒漠平原需水区内,且绝大多数分布在下游荒漠绿洲耗散区内,是整个流域最为主要的生态脆弱区。在下游荒漠平原需水区中,人类活动则主要集中在下游人工荒漠绿洲耗水区内。下游荒漠平原需水区是石羊河流域内主要的需水区域。

3.6　基于流域水文生态格局的石羊河流域主要生态保护目标分析

　　基于石羊河流域生态格局时空演变驱动分析与流域水文生态格局划分结果,在近 20 年的时间内,石羊河流域城镇化进程快速推进,居民地面积扩张了近 6 倍,从政策的角度而言,这主要与 2000 年开始实施的西部大开发战略有关,加速了整个西部地区的城镇化建设[171,172]。石羊河流域居民地的快速扩张主要是通过占用原有城镇周边的耕地和草地来实现,而这两种转换的发生主要是受人类活动的影响。结合图 3.14 分析结果可知,经济增幅越大,居民地增长的面积也随之增大,说明经济越发达的区域,城镇扩张的规模越大,且基本都发生在人类活动最为集中的中游平原绿洲耗水区内。此外,用水量的增大也与研究区城镇化推进密切相关。作为主要分布在中游平原绿洲耗水区和下游荒漠平原需水区内人工绿洲的另一大组成部分——耕地,草地和裸地是其主要增长来源,耕地的增长主要发生在中海拔地区的城乡周边。一方面,可能是因为商品粮基地建设政策的实施导致的大面积开荒;另一方面,可能是因为城镇化的推进使得中游地区的主要城区不断外扩建设,导致原有耕地只能不断地向城外进行转移,但综合考量灌溉输水管网建设和运行成本,耕地的增长基本都发生在距离城区较近的城郊附近。

　　在石羊河流域城镇化快速推进的同时,流域内生态环境也出现了较为明显的改善,其中草地的大面积增长是整个流域生态向好的主要原因,而草地的增长主要源自裸地和耕地面积的转入。在中游平原绿洲耗水区和下游荒漠平原需水区,随着至河流距离的增大,裸地转为草地的面积数量有所增多。这可能是因为一方面,伴随着流域"关井压田"、生态输水等生态恢复工程的实施开展,中游平原绿洲耗水区和下游荒漠平原需水区部分区域的地下水位有所回升,这些区域内自然植被逐渐恢复生长,裸地面积减少,如下游民勤县夹河乡周边的黄岸滩封育保护区、尾闾湖泊青土湖等[173,174]。另一方面,当地政府在 2011 年曾规划实施了《石羊河流域防沙治沙及生态恢复规划》,规划中指出要加强流域北部和西部荒漠绿洲过渡带生态功能区的建设,以达到综合整治生态、防止风沙对农田及居住地进一步侵蚀的目的。近年来在距离河道相对较远、靠近风沙前沿的一些区域,开展了大规模的人工植树种草活动[174-176]。在相关政策的指导以及生态恢复工程的调控下,石羊河流域的生态环境得到了一定程度的改善。在 2007 年石羊河流域综合整治开展后,为防止上游祁连山区被进一步开荒滥用、自然植被和山区水土遭到进一步破坏,当地政府大力开展生态移民行动,将大批上游山区的原住民迁往山下的平原区生活,原本山区的大片耕地出现撂荒弃耕的情况[177],这也是研究期内草地出现明显增长的另一大原因。

虽然整体上石羊河流域在近 20 年间生态环境逐渐改善,然而值得注意的是,流域内仍有相当一部分区域的生态环境出现了不同程度的退化,具体表现为林地转退为草地、部分草地退化为裸地。林地的缩减主要发生在石羊河流域的上游自然山地产水区和中游平原绿洲耗水区内,主要与降水、海拔和用水量的变化有关。一方面可能是因为在 2015 年以前,随着祁连山山区旅游业的迅猛发展,景区的开发建设导致大片的森林被砍伐;另一方面可能是由于祁连山区长期的林牧与林矿矛盾,使林地在用水量增大的区域出现大幅减少[178]。这两方面因素可能是导致石羊河流域在近 20 年时间内,林线出现上移的主要原因。虽然 2018 年国家开始大力整治祁连山生态问题,但山区的生态环境仍需要一定的时间才能恢复至较为良好的状态。

草地退化主要出现在下游荒漠平原需水区,影响其产生的因素众多。首先,可能是由于下游荒漠平原需水区土壤质地以沙壤为主,伴随着区域气温的升高,沙壤孔隙度大、通透性好的特性,使得区域蒸发有所增强,部分植被出现干枯死亡现象,这与陈亚宁等一些学者[179-182]的研究结论相一致。其次,分区内部分地区用水量的增加可能挤占了部分生态用水,导致植被出现退化,但有相当部分的草地退化与用水量的减少有关。2007 年以后石羊河流域采取"关井压田"等手段开展生态环境治理的同时,还积极对当地的农业生产结构进行了调整,增加了大棚、温室的建设[180];节水灌溉技术的大力推广,使部分农田由原有的传统灌溉手段,如漫灌和畦灌,逐渐改为管灌和滴灌。各项措施的综合利用有效缩减了下游荒漠平原需水区内的农业用水[183],增加了河流流量,下游河流及尾闾湖泊湿地生态逐渐改善[184]。而传统灌溉方式的转变,也导致灌渠周边的侧渗水量大幅减少[185]。根据曹乐等人[173,186]的研究,下游荒漠平原需水区内民勤绿洲西部的地下水埋深基本均超过 12 m;而当地下水埋深超过 4 m 时,天然植被的生长则主要依赖表层土壤水分。考虑到下游荒漠平原需水区年降水量较少,分区内人工绿洲周边的天然植被很大程度上依靠原有的漫灌等传统灌溉方式所形成的灌溉侧渗水来维持生长。节水灌溉的推广使用从长远来看提高了地区用水效率,减少了水资源浪费,但灌溉方式的转变也使原有的一些依靠这部分灌溉侧渗水而存活的天然植被出现退化和死亡,这也是传统灌溉方式转为节水灌溉方式所引发的生态效应之一[184,185,187]。

　　综合上述分析,石羊河流域经过近 20 年的发展治理,在社会经济快速发展的同时,生态环境也发生了较为明显的改善;但同时也仍旧存在一些问题,需要考虑以此作为未来发展治理的主要目标,进一步提升流域生态环境质量。石羊河流域主要水文生态保护目标如下:①重点保护上游自然山地产水区的天然林草,提升并维护流域水源涵养能力;②合理规划中游平原绿洲耗水区和下游荒漠平原需水区的社会经济发展用地,避免因不合理规划导致农业灌溉等社会经济用水增多,从而出现挤占区域生态用水的情况;③重点加强对下游荒漠平原需水区脆弱生态环境的保护,尤其是维系尾闾湖泊青土湖绿洲的重要生态屏障功能,防止流域荒漠化加剧,同时还应大力保障区域地下水的可持续开发,注意保护农田周边的植被,防止因节水灌溉对其造成次生危害。

3.7　本章小结

　　本章阐述了流域水文生态格局的形成与划分内涵,提出了干旱内陆河流域水文生态格局区域划分基本框架。基于石羊河流域 2000—2020 年水文及土地利用数据,利用空间插值、M-K 法及土地利用转移矩阵,分析了石羊河流域水文生态格局组成、空间分布及时空演变特征。结合流域气象、地形、社会经济活动等栅格数据,运用地理探测器对石羊河流域生态格局形成与演变开展驱动分析。基于石羊河流域生态格局形成与演变主要驱动因素,结合流域气候、生态与水文总体特征,构建了适用于干旱内陆河流域水文生态分区指标体系。依据流域水文生态分区指标体系,采用 ISODATA 动态聚类法对石羊河流域水文生态格局进行划分,分析讨论了石羊河流域主要生态保护目标。本章主要结论如下：

（1）提出并阐述了干旱内陆河流域水文生态格局划分基本框架，可概括为：通过流域气候、水文与生态时空演变特征分析以及水文生态格局形成与演变驱动分析，分别探明干旱内陆河流域水文生态总体特征、流域水文与生态之间的相互作用关系，为适用于干旱内陆河流域水文生态分区指标体系的构建提供基础。依托流域水文生态分区指标体系划分干旱内陆河流域水文生态格局，为流域水文生态格局调控提供支撑。

（2）2000—2020 年，石羊河流域生态格局发生了明显的波动变化。林地和裸地面积显著减少，草地、居民地和其他用地面积显著增长，而耕地受流域生态保护政策变动等影响，呈先增后减的变化趋势，拐点出现在 2005 年。流域生态格局变化主要集中在耕地、草地和裸地之间的相互转化，林地转换为草地以及居民地大幅扩张。耕地的增长主要源自对中下游地区草地和裸地的开垦，耕地面积的减少主要与相关治理规划的出台以及城镇化建设的大力推进相关。草地与裸地间的相互转化是流域生态格局最显著的变化类型，裸地转为草地主要集中在中下游沙漠毗邻区域，草地的退化则主要发生在下游民勤绿洲周边。流域城镇化的推进呈以旧有城镇中心为基点不断向外扩张的变化特征。

（3）驱动石羊河流域不同生态格局组分构成空间分布形成的主要影响因素各异。居民地和耕地空间格局的形成主要受人类活动和地形因素的影响。林地、草地和裸地的空间格局的形成受到不同自然与人类活动因素的共同影响。石羊河流域不同生态格局组分转换为同一组分类型的主要驱动因素基本相同。人类活动变化是驱动耕地和草地转换为居民地的主要因素。耕地的增长与人类活动和流域地形差异密切相关。草地转为裸地受人类和自然因素变化的共同影响。耕地和林地向草地的转化主要受降水、总用水量变化以及地形因素的影响。海拔与至河流距离等地形因素驱动了裸地向草地的转化。

（4）石羊河流域生态格局变化程度在不同驱动因子水平上有较为明显的差异，不同生态格局组分转换为同一类别组分的面积在其主要驱动因素的不同层级水平上具有较为相似的分布特征。居民地的扩张程度随 GDP、用水量增幅的上涨而增大。草地和裸地转为耕地的面积随地形因子数值的增大，呈先增后减变化特征。随着气温逐渐升高、降水量变化趋于稳定，二者对草地转裸地的影响程度逐渐增强；海拔增长对草地转为裸地的驱动呈先增后减变化特征，而用水量变化的影响与海拔因素相反。降水与用水量变幅的增大对耕地、林地转为草地的驱动作用均呈先增后减变化趋势;海拔的不断增大对两种转化的影响不断增强。随着至河流距离的增大和海拔抬升,二者对驱动裸地转换为草地的影响程度分别呈不断增强和先增后减的变化特征。

(5) 构建了适用于干旱内陆河流域的水文生态格局划分指标体系,包含气候地形、水文、生态以及人类活动 4 大类指标。将石羊河流域划分为 3 个水文生态一级分区:上游自然山地产水区、中游平原绿洲耗水区和下游荒漠平原需水区。4 个水文生态二级分区:中游天然绿洲耗水区、中游人工绿洲耗水区、下游荒漠绿洲耗散区和下游人工荒漠绿洲耗水区。应重点保护与提升上游自然山地产水区天然林草的水源涵养能力,合理规划中游平原绿洲耗水区和下游荒漠平原需水区的社会经济发展用地,加强对下游荒漠平原需水区脆弱生态环境的保护,重点保障流域尾闾青土湖绿洲的生态屏障功能。

第 4 章

干旱内陆河流域尾闾绿洲恢复时空演变及生态输水量优化研究

　　尾闾绿洲作为保障干旱内陆河流域下游脆弱环境的重要天然生态屏障,恢复并维系绿洲良好的水文生态健康状态,对保障整个干旱内陆河流域的生态健康具有重要作用。本章基于第 3 章干旱内陆河流域水文生态格局时空演变与划分研究,以石羊河流域下游荒漠平原需水区重点保护目标青土湖绿洲为研究对象,通过分析生态输水驱动下干旱内陆河流域尾闾绿洲恢复时空演变特征与机理,构建生态水文模型模拟生态输水复杂的水文生态效应,对尾闾绿洲恢复目标及对应的生态输水模式进行优化。

　　考虑到以往研究对绿洲恢复过程中绿洲覆被组分及空间配置变化的分析较少,因此在生态输水驱动下的绿洲恢复时空演变与机理分析中,主要考虑绿洲水面面积、植被覆盖和绿洲空间格局复杂性对生态输水的特征响应,揭示绿洲恢复空间格局演变规律与机理。在评估和预测生态输水对绿洲恢复的影响分析中,针对当前模型在直接高效模拟绿洲恢复时空动态方面的不足,构建尾闾绿洲元胞自动机-概念性集总式生态水文模型,模拟分析生态输水后绿洲的水文生态响应。综合多情境模拟与多目标优化,为制定高效益、低成本的生态输水方案提供参考,为后续流域层面的水文生态格局总体调控提供科学依据。

4.1　基于水文生态模拟的尾闾绿洲恢复生态输水量优化框架

　　科学评估生态输水的水文生态效应、确定尾闾绿洲适宜恢复目标及生态输水量,是干旱内陆河流域下游尾闾绿洲水资源高效利用及生态保护的关键,是干旱内陆河流域水文生态格局调控的重要支撑。本书提出了基于水文生态模拟的尾闾绿洲恢复生态输水量优化框架,如图 4.1 所示。

(1)通过收集包括生态输水量、地下水埋深、NDVI 等在内的地面实测数据与卫星遥感数据,为生态输水效应评价与生态输水驱动下的尾闾绿洲水文生态模拟提供基础数据支撑。对尾闾绿洲恢复的水文生态机理进行分析,剖析绿洲水文与生态过程之间的关键相互作用,结合研究区域的水文生态特征以及数据的可获得性,为后续模型基本假设确立与结构简化提供理论参考依据。

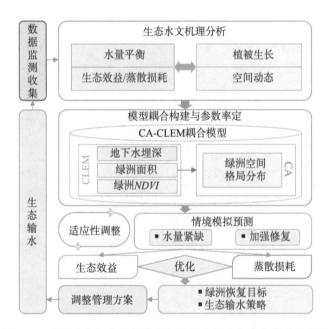

图 4.1　基于水文生态模拟的尾闾绿洲恢复生态输水量优化框架

(2)构建概念性集总式生态水文模型(Conceptual Lumped Ecohydrological Model,CLEM)是描述绿洲水文过程与生态过程之间相互作用和阐述绿洲演变机制的重要方法,而元胞自动机(Cellular Automata,CA)模块的构建则是探究绿洲生态系统空间复杂性和模拟绿洲空间分布的有效手段。构建元胞自动机-概念性集总式生态水文模型(CA-CLEM 模型)有助于深入剖析生态输水复杂的水文生态效应,对评估和预测生态输水对绿洲恢复的影响具有重要意义,还可为生态输水量的优化提供技术支撑。在该模型中,CLEM 模型包含水文模块与生态模块，用于模拟绿洲恢复的水文与生态过程；CA 模块利用 CLEM 模型模拟输出的绿洲面积，模拟尾闾绿洲恢复的空间动态过程。

（3）基于 CA‑CLEM 模型，模拟不同生态输水情境下的绿洲状态。根据情境优化结果，探究高收益、低成本且相对均衡的尾闾绿洲适宜恢复目标及生态输水量，为尾闾绿洲这一干旱内陆河流域重点保护目标的保护与治理提供科学参考。通过对绿洲水文生态数据的持续监测与收集，不断对模型进行评估校正，提高模型精度，为尾闾绿洲保护策略的调整制定提供相对持续、精准、可靠的数据支持。

4.2　尾闾绿洲恢复时空演变及生态输水量优化分析方法

4.2.1　水面信息提取

$NDWI$ 作为可识别水体信息的指标，常用于水面的判别提取。当某一栅格像元的 $NDWI<0$ 时，表示该栅格像元为无植被覆盖的裸地；当 $NDWI>0$ 时，表示该栅格像元为纯水体或植被冠层顶部的液态水。若仅用 $NDWI$ 指数对地表水体进行判定识别，则所提取的水面信息会包含部分地表植被。通过采用 $NDWI$ 与 $NDVI$ 相结合并增设阈值的方法[188]，以栅格像元"$NDWI>0$ 且 $NDVI<0$"作为水面的判定条件，剔除 $NDWI$ 所识别出的水体栅格像元中的植被部分，实现对青土湖水面更为准确的识别提取。

4.2.2　绿洲覆被变化分析

4.2.2.1　植被覆盖

植被覆盖度（Fractional Vegetation Coverage，FVC）作为可以解释植被蒸腾与光合作用，以及其他陆表过程的一种常用生理属性指标[189]，对干旱和半干旱地区的土地覆被变化十分敏感[190]。利用 FVC 指数对青土湖绿洲植被覆盖变化进行识别，有助于深入分析生态输水对绿洲生态恢复的影响。FVC 表示占据每个栅格像元的植被面积。根据此定义，利用 2019 年青土湖绿洲植被分布二值化图（图 2.7(b)），计算得到 2019 年青土湖绿洲 FVC 栅格数据，用于后续分析青土湖绿洲 *NDVI* 与 *FVC* 的相关关系。

4.2.2.2　*FVC* 与 *NDVI* 相关关系分析

通过探究 *NDVI* 与 *FVC* 的关系曲线,利用青土湖绿洲历年 *NDVI* 推求 *FVC*,得 2010—2020 年绿洲 *FVC* 影像,分析青土湖绿洲覆被类型变化。具体步骤为:

(1) 将 2019 年的 *NDVI* 影像与 *FVC* 影像按 300 m 空间分辨率聚合,以消除不同数据源可能带来的空间误差。

(2) 利用聚合后的影像数据,拟合 *NDVI* 与 *FVC* 的关系曲线。

(3) 根据 *NDVI* 与 *FVC* 之间的相关关系,推求青土湖绿洲历年 *FVC* 影像。根据 *FVC* 将青土湖绿洲划分为 4 种覆被类型:① *FVC* 小于 5% 的裸地;② *FVC* 介于 5%~30% 之间的低覆盖区;③ *FVC* 介于 30%~60% 之间的中覆盖区;④ *FVC* 大于 60% 的高覆盖区。

4.2.3　绿洲空间格局复杂性熵信息分析

4.2.3.1　香农熵

基于青土湖绿洲 2010—2020 年的绿洲覆被情况,采用香农熵探究青土湖绿洲覆被组分复杂性(Component Complexity)的演变特征。设 X 为离散随机变量,在 I 个可能发生的事件(或状态)中取值 $x_i,i=1,\cdots,I$。X 的香农熵定义为信息函数的期望值[191],公式如下:

$$H(X) = \sum_{i=1}^{I} p(x_i)\log\left(\frac{1}{p(x_i)}\right) \tag{4.1}$$

式中,$p(x_i)$ 是 X 的概率质量函数。香农熵根据概率质量函数量化了 X 反映的平均信息量,范围在 0 到 $\log(I)$ 之间,当 X 均匀分布时达到最大值。

本书中 X 为青土湖绿洲覆被类别组分,包括裸地、低覆盖区、中覆盖区和高覆盖区 4 种类型。X 的香农熵量化了绿洲覆被组分的复杂性。$H(X)$ 越大,表示组分复杂性越大,反之亦然。最小值表示绿洲覆被的出现仅为一类,覆被类型单一;最大值表示不同绿洲覆被组分出现的概率相等,覆被类型多样且格局复杂。但香农熵没有考虑 X 的空间位置,所以 $p(x_i)$ 相同但空间格局不同的数据集可能熵值相同。因此,需要利用考虑空间配置的空间熵,分析绿洲覆被复杂性在空间上的异质性。

4.2.3.2 空间熵

基于青土湖绿洲 2010—2020 年的绿洲覆被划分结果,采用空间熵探究青土湖绿洲覆被空间配置复杂性(Configuration Complexity)的演变特征。

空间熵通过关注绿洲不同覆被组分之间的空间配置,量化绿洲覆被的空间复杂性。空间熵定义了两个变量 Z 和 W。其中,Z 为利用邻域概念对 X 的信息进行转换,W 表示邻域对应的空间域。变量 Z 为类别变量,用于识别 X 的共现(Co-occurrence),Z 的类别用 z_r 表示($r=1,\cdots,R_m$)。共现是 X 在空间域上的一组实现,通过采用固定的共现度 m(Degree of Co-occurrence)来定义,即每个共现集的基数。当 $m=2$ 时,变量 Z 识别 X 的类别组对。变量 W 根据一组距离区间 w_k($k=1,\cdots,K$)对影像中的欧氏距离进行分类。本文共现度 m 取值为 2,Z 表示青土湖绿洲覆被组分 X 共现的类别组对,X 与 Z 的对应关系如图 4.2 所示。W 的距离区间设为 10 个像素,对应真实距离 150 m。

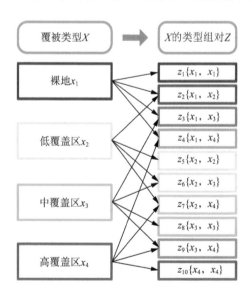

图 4.2　青土湖绿洲覆被类型 X 与覆被类型组对 Z 的关系图

通过式(4.1)计算变量 Z 的香农熵,即为空间熵,值域在 0 到 $\log(R_m)$ 之间,当 Z 均匀分布时达到最大。$H(Z)$ 量化了绿洲覆被类型组对的组分复杂性。$H(Z)$ 值越大,表明绿洲覆被组分的共现比例越接近均匀分布,共现概率几乎相等,组分复杂性较大。$H(Z)$ 越小,表示绿洲覆被组分的共现几乎是确定的,此种情况下共现概率接近于 1,组分复杂性较低。

理论上,Z 全面获取了 X 的空间信息,因此 $H(X)$ 和 $H(Z)$ 具有高度且显著的相关性,同时 X 和 Z 的归一化熵应该是相似的。归一化熵定义为 $H(X)$ 和 $H(Z)$ 分别除以各自理论最大值:

$$\begin{cases} H(X)_{\text{norm}} = \dfrac{H(X)}{\log(I)} \\ H(Z)_{\text{norm}} = \dfrac{H(Z)}{\log(R_m)} \end{cases} \tag{4.2}$$

$H(Z)$ 包含了所有空间信息,可将其分解为量化空间规律性的 $MI(Z,W)$ 和空间随机性的 $H(Z)_W$ 两部分:

$$H(Z) = \sum_{r=1}^{R_m} p(z_r)\log\left(\frac{1}{p(z_r)}\right) = MI(Z,W) + H(Z)_W \tag{4.3}$$

$$MI(Z,W) = \sum_{k=1}^{K} p(w_k)PI(Z \mid w_k) \tag{4.4}$$

$$PI(Z \mid w_k) = \sum_{r=1}^{R_m} p(z_r \mid w_k)\log\left(\frac{p(z_r \mid w_k)}{p(z_r)}\right) \tag{4.5}$$

$$H(Z)_W = \sum_{k=1}^{K} p(w_k)H(Z \mid w_k) \tag{4.6}$$

$$H(Z \mid w_k) = \sum_{r=1}^{R_m} p(z_r \mid w_k)\log\left(\frac{1}{p(z_r \mid w_k)}\right) \tag{4.7}$$

式中,$MI(Z,W)$ 为空间关联信息,可表征空间规律性特征;$H(Z)_W$ 为空间全局残差熵,可表征空间随机性特征;$PI(Z \mid w_k)$、$H(Z \mid w_k)$ 分别为空间局部信息和空间局部残差熵。为使绿洲内具有不同 $H(Z)$ 的生态系统之间的空间复杂性具有可比性,将空间关联信息 $MI(Z,W)$ 和空间全局残差熵 $H(Z)_W$ 以比例的形式表征,用以识别绿洲覆被空间配置复杂性中的规律性与随机性,公式如下:

$$\begin{cases} MI_{\text{prop}}(Z,W) = \dfrac{MI(Z,W)}{H(Z)} \\[2ex] H_{\text{prop}}(Z)_W = \dfrac{H(Z)_W}{H(Z)} \end{cases} \tag{4.8}$$

式中,$MI_{\text{prop}}(Z,W)$为空间关联信息比例;$H_{\text{prop}}(Z)_W$为空间残差熵比例,$MI_{\text{prop}}(Z,W)$与$H_{\text{prop}}(Z)_W$的和为$1^{[192]}$。空间关联信息与空间残差熵所表征的信息是彼此相反的。当绿洲覆被组分空间关联信息比例越大,所对应的空间残差熵比例越小,表明绿洲覆被组分空间配置规律性强、复杂性弱,反映绿洲不同覆被组分之间具有较高的空间依赖性、关联性和相关性。反之,当空间关联信息比例越低,空间残差熵比例则越高,表明绿洲覆被在空间上的不规则性、随机性与不确定性越大,绿洲整体空间格局复杂性越高,反映出绿洲不同覆被组分共现的独立性较强。

4.2.4　尾闾绿洲元胞自动机-概念性集总式生态水文模型

依据基于水文生态模拟的尾闾绿洲恢复生态输水量优化框架(图4.1),通过构建干旱内陆河流域尾闾绿洲元胞自动机-概念性集总式生态水文模型(CA-CLEM模型),结合多情境模拟与多目标优化分析,对生态输水后石羊河流域尾闾青土湖绿洲的水文生态时空响应开展模拟分析,确定青土湖绿洲恢复适宜目标及生态输水量,具体步骤如下。

4.2.4.1　尾闾绿洲恢复水文生态机理分析与模型基本假设

生态输水作为干旱内陆河流域尾闾绿洲恢复的重要手段,其输送的水量通常蓄积在尾闾绿洲地势相对较为低洼的地带,并随着输水的进行形成有一定面积的季节性水面,也称季节性淹没区。这部分地表水经土壤下渗,抬升了地下水位;地下水侧向流动使地下水储量在尾闾绿洲所在地下水含水层的有限空间范围内有所增加。地下水位的抬升改善了尾闾绿洲植被根系周围的土壤水分条件,缓解了植被生长所受到的水分胁迫,使绿洲生态得以恢复。作为可直观反映尾闾绿洲浅层地下水动态变化的生态指标,绿洲面积和植被覆盖度均随地下水埋深的减少而有所增长。

受地形和生态输水所引起的地下水位波动的共同影响,绿洲中心区域的地下水埋深相对较浅；距离绿洲中心区域越远，地下水埋深相对越大。绿洲面积和植被生长状况与地下水埋深高度相关，绿洲所覆盖的面积为植被可有效利用地下水的区域。植被通过吸收地下水用于蒸腾消耗，影响了绿洲地下水储量和地下水埋深的情势波动。而绿洲的蒸散发量与地下水埋深、绿洲面积和植被状况成正相关，因此地下水的消耗进一步影响了绿洲的恢复情况。

生态输水所驱动的绿洲水文生态过程主要包括地下水补给、绿洲恢复、地下水消耗及其对绿洲恢复的影响。其中，地下水埋深是表征绿洲地下水储量变化、控制植被生长水分供给以及连接绿洲水文与生态相互作用的重要指标。干旱内陆河流域尾闾绿洲恢复的水文生态过程示意图如图 4.3 所示。

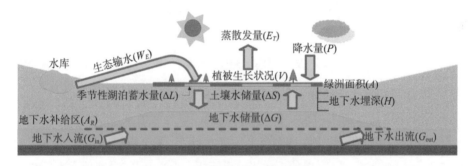

图 4.3 干旱内陆河流域尾闾绿洲恢复的水文生态过程示意图

尾闾绿洲的水量输入除生态输水外，还包括天然降水和地下水入流；水量输出则主要由蒸散发和地下水出流两部分构成。绿洲中的水分主要以地表水、土壤水和地下水三种形式储存。耦合生态输水和绿洲自然水文循环，CA - CLEM 模型所依据的干旱内陆河流域尾闾绿洲水量平衡公式如下：

$$P + G_{in} + W_E = E_T + G_{out} + \Delta G + \Delta S + \Delta L \tag{4.9}$$

式中，P 为尾闾绿洲降水量；G_{in} 和 G_{out} 分别表示地下水入流量和出流量；W_E 为生态输水量；E_T 为尾闾绿洲蒸散发量；ΔG、ΔS、ΔL 则分别表示地下水储量变化量、土壤水储量变化量和季节性湖泊蓄水量变化量。

为降低模型计算过程复杂性，直接高效地模拟绿洲整体恢复情况，对模型结构进行简化，关注其中关键的水文生态过程[193]，并依此构建模型。模型简化主要基于三方面假设：

（1）空间均质性和集总式参数。CA - CLEM 模型假设空间均质，将尾闾绿洲区域表示为单一、均质的单元。模型采用集总式参数,不考虑参数物理特性的空间差异,如地下水埋深、蒸散发量等采用统一或区域平均值。

(2) 简化的水量平衡公式。生态输水作为干旱内陆河流域尾闾绿洲地下水以及绿洲恢复的重要驱动因素,必须在水量平衡中加以考虑。尾闾绿洲降水稀少且降水量基本全用于蒸散发消耗,相比生态输水,降水几乎不会影响绿洲地下水变化,因此可忽略水量平衡公式中的降水量。用变量 W_G 表征变量 G_{in} 和 G_{out} 的差值,表示绿洲地下水过程对绿洲整体水量平衡的影响。蒸散发是尾闾绿洲地下水消耗的主要部分,将土壤水运动简化为地下水蒸散发过程,忽略土壤水储量的变化[71]。尾闾绿洲夏季天气炎热、蒸散发量巨大,生态输水量到夏季基本蒸散耗尽,因此生态输水产生的季节性湖泊蓄水量有限,不考虑其储量变化。构建生态水文模型所依据的水量平衡公式可简化为:

$$\Delta G = W_E + W_G - E_T \tag{4.10}$$

(3) 静态自然水文条件。为着重模拟分析生态输水对尾闾绿洲恢复的影响,假定绿洲自然状态下的水文条件是静态的。忽略气象条件年际波动可能引起的绿洲蒸发量变化,假定绿洲多年平均蒸发量 E_p 为 2 600 mm[194]。生态输水前,尾闾绿洲蒸散发 E_T 以地下水潜水蒸发 E_G 为主;假定绿洲地下水储量变化 ΔG 为 0,根据式(4.10),绿洲地下水潜水蒸发 E_G 与绿洲天然地下水变化 W_G 之间存在平衡关系。通过计算绿洲生态输水前的地下水潜水蒸发量 E_G 来近似表示绿洲天然地下水变化 W_G,不考虑 W_G 的年际变化。

4.2.4.2 CA - CLEM 模型结构

基于尾闾绿洲恢复水文生态过程,考虑以生态输水量作为模型输入,以地下水埋深、绿洲 NDVI、绿洲面积及空间格局作为模型输出;以简化后的干旱内陆河流域尾闾绿洲水量平衡公式为依据构建 CA - CLEM 模型。

CLEM 模型主要用于模拟整个绿洲恢复的水文生态过程,CA 模块根据 CLEM 模型输出的绿洲信息,作为模拟绿洲空间格局动态的模块耦合连接 CLEM 模型。耦合后的 CA - CLEM 模型相比于已有的分布式生态水文模型,不仅能较为简单、高效地模拟不同生态输水情境下的绿洲恢复过程,还可模拟绿洲恢复空间动态,弥补 CLEM 模型对于绿洲空间模拟方面的不足,从而为生态输水量的优化提供科学依据。

CLEM 模型主要由水文、生态两大模块构成,生态输水量为模型输入量。水文模块主要模拟:①消耗地下水的绿洲蒸散发量;②反映地下水储量变化和驱动生态过程的地下水埋深值。通过建立地下水承载力方程耦合绿洲水文过程与生态过程。生态模块主要用于模拟绿洲面积和植被状态,分别受绿洲面积动态方程和植被动态方程控制。生态模块输出的绿洲面积和植被状态,主要用于两方面:①作为输入变量用于计算绿洲蒸散发量。绿洲蒸散发影响着绿洲地下水储量的变化,进而推动绿洲整体水文生态过程的变化;②输出的绿洲面积作为 CA 模块的输入,为 CA 模块提供基础空间信息数据,并依据 CA 模块内所设定的一系列转换规则,用于模拟绿洲空间格局变化。CA - CLEM 模型结构如图 4.4 所示。

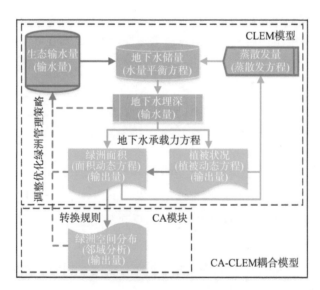

图 4.4　干旱内陆河流域尾闾绿洲 CA - CLEM 模型结构图

4.2.4.3　CLEM 模型构建

基于模型构建依据的三个基本假设,CLEM 模型所包含的主要方程如下所示:

(1) CLEM 模型的核心方程为[195,196]:

$$\frac{\mathrm{d}H}{\mathrm{d}t} = -\theta \frac{\Delta G}{A_R} \tag{4.11}$$

$$\frac{\mathrm{d}A}{\mathrm{d}t} = \beta_A (A_{GCC} - A) \tag{4.12}$$

$$\frac{\mathrm{d}V}{\mathrm{d}t} = \beta_V (V_{GCC} - V) \tag{4.13}$$

$$\Delta G = W_E + 10^{-3} W_G A_R - 10^{-3} E_G (A_R - A) \tag{4.14}$$

式中，H 为地下水埋深(m)；A 为生态输水恢复的绿洲面积(km^2)；V 反映植被长势，采用绿洲 $NDVI$ 的空间均值表征；t 表示模拟的时间步长，设为 1 年；W_E 为年生态输水总量($10^6 m^3$)；W_G 为地下水的流域自然补给量(mm)；E_G 为裸地的潜水蒸发量(mm)；A_R 为地下水受生态输水补给的区域的面积(km^2)；θ 为与地下水补给有关的经验系数；β_A 表征绿洲面积变化率(1/a)；β_V 表征绿洲 $NDVI$ 变化率(1/a)；A_{GCC} 为地下水对绿洲面积的承载能力(km^2)；V_{GCC} 为地下水对绿洲 $NDVI$ 的承载能力。

（2）采用阿维里扬诺夫公式估算潜水蒸发量 E_G[197]，在此基础上采用经验公式估算绿洲蒸散发量 E_T[15]：

$$E_G = a \left(1 - \frac{H}{H_{max}}\right)^b E_p \tag{4.15}$$

$$E_T = (1 + k_E V) E_G \tag{4.16}$$

式中，H_{max} 为地下水蒸发极限埋深(m)；a、b 为与土壤质地有关的经验系数，根据陈乐等人[198]在石羊河流域的研究成果，H_{max}、a、b 分别取 5 m、0.76 和 1.53；E_p 为常规气象蒸发皿蒸发值(mm)，反映蒸发能力；E_T 为绿洲的蒸散发量(mm)；k_E 为经验系数，反映植被长势对 E_T 的影响。

（3）采用 Sigmoid 方程分别描述地下水对绿洲面积的承载能力以及地下水对绿洲 $NDVI$ 的承载能力[55]：

$$A_{GCC}(H) = \frac{A_{max}}{1 + \exp\left(\frac{H - h_A}{s_A}\right)} \tag{4.17}$$

$$A_{max} = \alpha A_R \tag{4.18}$$

$$V_{GCC}(H) = \frac{V_{max}}{1 + \exp\left(\frac{H - h_V}{s_V}\right)} \tag{4.19}$$

式中，$A_{\max}$ 为绿洲可恢复的最大面积（km^2）；$A_{\max}$ 占 A_R 的一定比例，α 为占比系数；$V_{\max}$ 为绿洲可恢复的最大 $NDVI$；h_A 为绿洲面积达到 $0.5\,A_{\max}$ 时的地下水埋深（m）；h_V 为 $NDVI$ 达到 $0.5\,V_{\max}$ 时的地下水埋深（m）；s_A、s_V 为经验系数，反映地下水承载能力曲线的倾斜程度。

4.2.4.4　CA 模块构建

（1）指标提出

地下水埋深是影响干旱内陆河流域尾闾绿洲覆被变化的关键因素，生态输水在绿洲低洼地带所形成的季节性淹没区附近的地下水埋深相对较小，为植被生长和绿洲恢复提供了较为良好的水分条件。采用基于淹没信息的水分可利用性指数（Water Availability Index，WAI），量化地下水埋深对植被分布的影响。WAI 值越大，说明该区域越适合植被生长；反之，说明该区域更可能成为裸地。

除了水分可利用性外，植被群落的扩张也是影响植被分布的一个重要因素。选用基于植被信息的邻域植被指数（Neighborhood Vegetation Index，NVI），量化植被群落扩张对植被分布的影响。绿洲中越是靠近植被恢复区的裸地，植被越容易恢复生长。所以，NVI 值越大，表示植被恢复生长的概率越大，反之亦然。

水分可利用性和植被群落扩张共同影响着植被的空间分布。与季节性淹没区和植被生长区相邻的地块，往往具有更大的恢复植被生长的潜力。构建植被适宜性指数（Vegetation Suitability Index，VSI），量化 WAI 和 NVI 对植被空间分布的综合影响。

（2）CA 模块基本组成

CA 模块可有效模拟绿洲植被恢复的时空演化过程。CA 是一个元胞实体，在基于其先前和与其相邻元胞的状态的前提下，遵循特定的转化规则独立地改变其自身的状态。CA 由以下四部分定义：

$$CA = \{Lattice,\ State\ sets,\ Neighborhood,\ Transition\ rules\}$$

$$(4.20)$$

式中，Lattice 表示元胞空间，即由 MODIS 遥感数据所导出的青土湖绿洲栅格影像,覆盖 31 行 29 列,共计 899 个像元(图 2.6)。State sets 为状态集,通常用 ε 来表示,其中包含的有限值 $\varepsilon=\{0,1\}$ 用于描述每个元胞可采取的所有可能状态。在给定的 t 时刻,元胞空间中的每一个像元(即元胞),通过从状态集 ε 中选择一个状态来表征。当元胞状态取值为 0 时,表示非植被;取值为 1 时,表示植被。Neighborhood 为邻域,由影响中心元胞状态变化的相邻元胞表征。采用摩尔(Moore)型邻域(3×3)计算 WAI、NVI 及 VSI。Transition rules 为转换规则,用于确定每个元胞从 t 时刻到 $t+1$ 时刻的状态,即像元状态在下一时刻是退化、维持现状还是恢复。

(3)邻域分析

邻域分析旨在量化相邻元胞对中心元胞状态变化的影响,包含对 WAI、NVI 和 VSI 的计算,为模拟绿洲的空间动态提供统计基础。

① 水分可利用性指数(WAI)

利用 2010—2020 年的 NDVI 和 NDWI 数据,对青土湖绿洲季节性淹没像元进行判定。整个研究时段内,只要青土湖绿洲范围内的像元满足一次 "NDWI>0 且 NDVI<0"的条件,即可将其判定为季节性淹没像元,并赋值为 1,表明该像元所处区域海拔相对较低,地下水可利用性较好。不符合判定条件的像元归为非季节性淹没像元,赋值为 0,表明该像元所处区域植被恢复生长的概率较低。由于 WAI 本质上量化了地形对植被分布的影响,因此在模拟过程中假定其是静态的。对于第 i 行、第 j 列的像元,将其邻域内的所有像元淹没状态赋值与权重之积求和,得到该像元的 WAI 值。具体计算公式如下:

$$WAI_{i,j}=\mathrm{sum}(\boldsymbol{\varepsilon}_{IN\_i,j}\odot\boldsymbol{\omega}_I) \tag{4.21}$$

$$\boldsymbol{\varepsilon}_{IN\_i,j}=\begin{bmatrix} \varepsilon_{I\_i-1,j-1} & \varepsilon_{I\_i-1,j} & \varepsilon_{I\_i-1,j+1} \\ \varepsilon_{I\_i,j-1} & \varepsilon_{I\_i,j} & \varepsilon_{I\_i,j+1} \\ \varepsilon_{I\_i+1,j-1} & \varepsilon_{I\_i+1,j} & \varepsilon_{I\_i+1,j+1} \end{bmatrix} \tag{4.22}$$

$$\boldsymbol{\omega}_I=\begin{bmatrix} 0.1 & 0.1 & 0.1 \\ 0.1 & 0.2 & 0.1 \\ 0.1 & 0.1 & 0.1 \end{bmatrix} \tag{4.23}$$

式中,$\varepsilon_{IN\_i,j}$ 和 $\varepsilon_{I\_i,j}$ 分别表示某一邻域和某一像元的淹没状态赋值,$\varepsilon_{I\_i,j}$ 取 1 表示淹没状态,$\varepsilon_{I\_i,j}$ 取 0 表示非淹没状态;$\boldsymbol{\omega}_I$ 为淹没状态权重,设定中心像元

的淹没状态权重要高于相邻像元,因为如果中心像元处于淹没状态,则它对于植被恢复的影响更大;同时假定邻域内与中心像元相邻的任意方向上的像元的淹没状态权重均相等。

② 邻域植被指数(NVI)

区别于静态的 WAI,由于绿洲恢复的过程是动态的,因此 NVI 在模拟过程中,对像元的赋值每年都会更新。对于 t 年中第 i 行、第 j 列的像元,将其邻域内的所有像元植被赋值与权重之积求和,得到该像元的 $NVI_{t,i,j}$ 值。具体计算公式如下:

$$NVI_{t,i,j} = \mathrm{sum}(\boldsymbol{\varepsilon}_{VN\_t,i,j} \odot \boldsymbol{\omega}_V) \tag{4.24}$$

$$\boldsymbol{\varepsilon}_{VN\,t,i,j} = \begin{bmatrix} \varepsilon_{V\_t,i-1,j-1} & \varepsilon_{V\_t,i-1,j} & \varepsilon_{V\_t,i-1,j+1} \\ \varepsilon_{V\_t,i,j-1} & \varepsilon_{V\_t,i,j} & \varepsilon_{V\_t,i,j+1} \\ \varepsilon_{V\_t,i+1,j-1} & \varepsilon_{V\_t,i+1,j} & \varepsilon_{V\_t,i+1,j+1} \end{bmatrix} \tag{4.25}$$

$$\boldsymbol{\omega}_V = \begin{bmatrix} 0.125 & 0.125 & 0.125 \\ 0.125 & 0 & 0.125 \\ 0.125 & 0.125 & 0.125 \end{bmatrix} \tag{4.26}$$

式中,$\boldsymbol{\varepsilon}_{VN\,t,i,j}$ 和 $\varepsilon_{V\,t,i,j}$ 分别表示某一邻域和某一像元的植被状态赋值,$\varepsilon_{V\_t,i,j}$ 取 1 表示为植被像元,$\varepsilon_{V\_t,i,j}$ 取 0 表示为非植被像元;$\boldsymbol{\omega}_V$ 为植被权重,设定中心像元的植被权重为 0,因为只有其邻域内相邻像元的状态而不是其自身的状态,会影响到中心像元是否会有植被生长;假定邻域内与中心像元相邻的任意方向上的像元植被权重均相等。

③ 植被适宜性指数(VSI)

利用 Clayton Copula 函数,建立 WAI 和 NVI 两项指标的联合分布,计算 VSI 指数。Clayton Copula 函数是典型的阿基米德 Copula 函数之一,具有结构简单、性质稳定等特点[199]。阿基米德 Copula 函数无须各变量具有相同的边缘分布[200]。对于 t 年中第 i 行、第 j 列的像元,以 Clayton Copula 函数形式定义 $VSI_{t,i,j}$。具体公式如下:

$$VSI_{t,i,j}(Fe_{WAI_{i,j}}, Fe_{NVI_{t,i,j}}) = (Fe_{WAI_{i,j}}^{-\gamma} + Fe_{NVI_{t,i,j}}^{-\gamma} - 1)^{-1/\gamma} \tag{4.27}$$

式中,$Fe_{WAI_{i,j}}$ 和 $Fe_{NVI_{t,i,j}}$ 分别为 $WAI_{i,j}$ 和 $NVI_{t,i,j}$ 的经验频率;γ 为 Copula

函数参数。逐年对比绿洲栅格影像与下一年的影像，当像元满足"$\varepsilon_{V_t}=0$ 且 $\varepsilon_{V_{t+1}}=1$"时，判定该像元为新恢复植被生长的像元。计算每个新恢复植被生长像元的 WAI 和 NVI，生成 WAI 和 NVI 数据集，用于估计参数 γ 以及经验频率 $Fe_{WAI_{i,j}}$、$Fe_{NVI_{t,i,j}}$。

（4）转换规则设定

转换规则连接了 CLEM 模型与 CA 模块。转换规则的设定主要依据 CLEM 模型输出的绿洲面积信息，通过转换规则确定绿洲的变化趋势以及变化区域。CA 模块模拟的转换规则主要分为以下三种情况：

① 绿洲扩张

青土湖绿洲第 t 年的绿洲面积为 A_t。当 $A_{t+1}>A_t$ 时，表明绿洲有进一步恢复的趋势。假设绿洲第 t 年的植被像元不变，只有部分裸地像元会转化为植被像元。$A_{t+1}-A_t$ 为绿洲扩张的面积，扩张区域所覆盖的像元表示为新增植被（N_E）像元。计算所有裸地像元的 VSI 并对其进行降序排列。VSI 越大，表明植被恢复的可能性相对越大，因此 N_E 像元状态将由裸地转换为植被。

② 绿洲面积不变

当 $A_{t+1}=A_t$ 时，表明绿洲面积不变，绿洲植被分布不发生变化。

③ 绿洲退化

当 $A_{t+1}<A_t$ 时，表明绿洲趋于退化。A_t-A_{t+1} 为绿洲退化面积，退化区域覆盖的像元表示为发生退化（N_D）像元。计算所有植被像元的 VSI 并对其进行升序排列。VSI 越小，表明植被生长环境相对越差，因此 N_D 像元状态将由植被转换为裸地。

CLEM 模型为 CA 模型提供将发生状态变化的像元数量，CA 模型指定将发生状态改变的像元，并生成植被分布影像。

4.2.4.5 模型参数率定及验证

将基础数据资料分成两组，2010—2015 年的数据用于率定 CA-CLEM 模型的各项参数，2016—2020 年的数据用于验证模型精度。CLEM 模型的参数率定采用较为成熟的贝叶斯推理（Bayesian Inference）法[201]。在进行贝叶斯推理时，由于后验分布通常是高维且难以解析的，通常采用基于马尔科夫链蒙特卡洛（Markov Chain Monte Carlo，MCMC）方法进行抽样估计[202]。与 MCMC

方法相结合的贝叶斯推理法已广泛应用于科学和工程领域[203,204]。在 MCMC 法应用过程中,由于参数估计是从非最优解开始,马尔科夫链需要一定的时间才能推求出待估参数的后验分布。因此,设置抽样样本数量为 10 万,连续运行 3 次马尔科夫链。每次运行均以前一次的运行结果作为初始值。将最后一次运行结果的均值作为模型参数的估计值。

采用极大似然法[205]估计 CA 模块中 Clayton Copula 函数参数值。WAI、NVI 的经验频率采用以下公式估计[206]:

$$P(X \leqslant x_m) = \frac{m - 0.44}{N + 0.12} \tag{4.28}$$

式中,P 为 $X \leqslant x_m$ 的经验频率;m 为 x_m 的序号;N 表示样本容量。CA - CLEM 模型参数率定后,采用模型精度验证常用的相关系数(R)和均方根误差($RMSE$)对模型的模拟效果进行评估[207]。对于 CA 模块模拟输出的绿洲空间分布结果,参照研究区实际观测影像,利用 Cohen's Kappa 系数判别植被空间分布模拟结果的精度。

4.2.4.6　尾闾绿洲恢复情境分析

基于 CA - CLEM 模型,通过开展情境分析,评估生态输水变化对绿洲恢复的影响。青土湖 2010—2020 年多年平均生态输水量约为 0.3 亿 m³。假设 2021 年至 2030 年青土湖绿洲有以下 3 种情境:①由于水资源短缺,生态输水量缩减至每年 0.1 亿 m³;②生态输水量保持不变,维持在每年 0.3 亿 m³;③生态输水力度加大,年输水量达到 0.5 亿 m³。利用模型分别模拟 3 种不同情境下绿洲在 2021—2030 年间的水文生态演变。

4.2.5　尾闾绿洲生态输水量优化分析

通过分析生态输水所产生的生态效益与绿洲蒸散损耗之间的相关关系,优化生态输水量,探究绿洲恢复的适宜目标。运用 CA - CLEM 模型模拟 2010 年至 2030 年,绿洲在不同生态输水方案下恢复至最终相对稳定状态时的结果,包括绿洲地下水埋深、绿洲面积和绿洲 $NDVI$。共设置 24 种生态输水方案,即设定年生态输水量从 0.05 亿 m³ 开始,以 0.05 亿 m³ 为间隔一直模拟到年输水量达到 1.2 亿 m³。计算不同生态输水方案下,绿洲恢复到最终相对稳定状态时的生态效益和蒸散损耗。针对生态效益和蒸散损耗,采用理想情境距离分析法[15]开展多目标优化分析,优化生态输水量。

4.2.5.1 不同生态输水方案下的绿洲生态效益和蒸散损耗计算

绿洲生态效益 W_B 定义为生态输水后绿洲的生态产出,用区域 $NDVI$ 总和表示。蒸散损耗 W_C 定义为绿洲蒸散损耗水量。具体计算公式如下:

$$W_B = AV \tag{4.29}$$

$$W_C = \frac{E_T A + E_G (A_R - A)}{A_R} - W_G \tag{4.30}$$

绿洲地下水埋深越浅、绿洲面积越大、$NDVI$ 越高,生态输水的生态效益越大,相应的蒸散损耗也越大。基于不同生态输水方案下的水文生态模拟结果,包括绿洲地下水埋深、绿洲面积和绿洲 $NDVI$,计算在不同生态输水方案 $i(i = 1, \cdots, 24)$ 下绿洲恢复至相对稳定状态时的生态效益 $W_{B,i}$ 和蒸散损耗 $W_{C,i}$。

4.2.5.2 生态输水量优化分析

基于生态效益的理论最大值 $W_{B-\max}$、蒸散损耗的理论最大值 $W_{C-\max}$,对生态效益和蒸散损耗进行归一化处理,得到归一化生态效益 $NW_{B,i}$ 和归一化蒸散损耗 $NW_{C,i}$,计算公式如下:

$$NW_{B,i} = \frac{W_{B,i}}{W_{B-\max}} \tag{4.31}$$

$$NW_{C,i} = \frac{W_{C,i}}{W_{C-\max}} \tag{4.32}$$

式中,$NW_{B,i}$ 和 $NW_{C,i}$ 分别为归一化生态效益和归一化蒸散损耗;$W_{B,i}$ 和 $W_{C,i}$ 分别为第 i 种生态输水方案下的绿洲生态效益和蒸散损耗(mm);$W_{B-\max}$ 和 $W_{C-\max}$ 分别为生态效益理论最大值和蒸散损耗理论最大值。

考虑到干旱内陆河流域水资源稀缺,对于生态输水工程而言,应提高水资源利用效率和单位输水量的生态效益,使生态输水的生态效益最大化而绿洲的蒸散损耗最小化。由此,干旱内陆河流域尾闾绿洲生态输水量多目标优化的目标为:

$$\begin{cases} \max NW_B \\ \min NW_C \end{cases} \qquad (4.33)$$

生态效益与蒸散损耗之间呈非线性正相关关系,即生态效益随蒸散损耗的增加而增大。理论上,可假定生态输水恢复绿洲的理想情境为:

$$\begin{cases} NW_{B-ideal}=1 \\ NW_{C-ideal}=0 \end{cases} \qquad (4.34)$$

式中,$NW_{B-ideal}$ 和 $NW_{C-ideal}$ 分别为生态输水绿洲恢复理想情境下对应的归一化生态效益和归一化蒸散损耗。在生态输水的理想情境下,绿洲的生态效益达到最大的同时蒸散损耗最小,此时归一化生态效益取值为 1、归一化蒸散损耗取值为 0。

将理想情境作为理想点,计算不同生态输水方案下的归一化生态效益 $NW_{B,i}$ 和归一化蒸散损耗 $NW_{C,i}$,分析不同生态输水方案至理想情境的距离 D_i[15]:

$$D_i = \sqrt{(NW_{B,i}-NW_{B-ideal})^2+(NW_{C,i}-NW_{C-ideal})^2} \qquad (4.35)$$

D_i 最小值所对应的即为生态效益、蒸散损耗与理想情境最为接近的生态输水方案,该方案可实现输水生态效益最大化、蒸散损耗最小化。D_i 最小值所对应的输水方案下的绿洲恢复地下水埋深、绿洲面积、绿洲 $NDVI$,可作为推荐的绿洲恢复适宜目标;D_i 最小值所对应的生态输水量可作为推荐的适宜生态输水量。

4.3　生态输水驱动下青土湖绿洲恢复时空演变

4.3.1　生态输水驱动下青土湖绿洲恢复时空演变特征

4.3.1.1　青土湖水面面积时空演变特征

青土湖 2010 年冬至 2020 年夏历年夏冬两季水面面积逐年变化见图 4.5。从水面变化图可以看出,青土湖自 2010 年接受生态输水以来,形成较为明显的季节性淹没区域,分散在不同区域。因为所采用的生态输水方式为反季节性输水,所以冬季青土湖的水面面积明显大于夏季;冬季青土湖水面面积在2010—2014年间逐年增大,在2014年达到最大,约为6.54 km²。2014年后青土湖冬季水面面积稍有起伏,总体上趋于稳定。而夏季由于不进行生态输水,并且当地夏季气温较高、蒸发强烈,所以水面面积相比于上一年冬季有大幅缩减。

通过对生态输水以来青土湖水面面积变化特征的分析可以得出,总体上生态输水促进了青土湖绿洲水面的形成及扩张,使青土湖绿洲形成了一定规模的季节性水面。若要维系青土湖绿洲形成长期且较为稳定的水面面积,需持续不断地对青土湖进行生态输水。

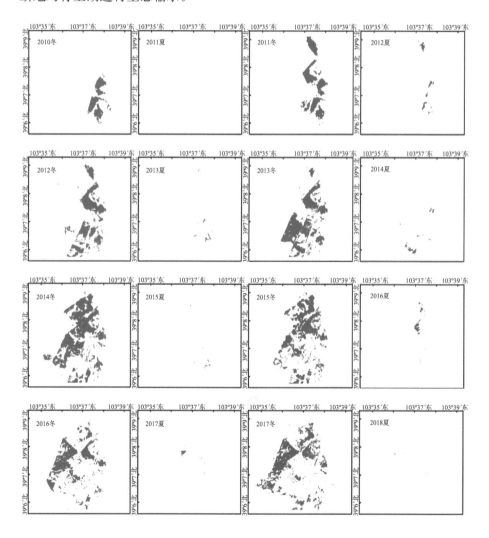

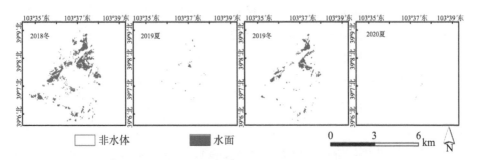

图 4.5　2010 年冬—2020 年夏历年夏冬两季青土湖水面空间格局变化

4.3.1.2　青土湖绿洲植被覆盖时空演变特征

通过计算青土湖绿洲 $NDVI$，分析得到青土湖绿洲植被覆盖时空变化情况。青土湖绿洲 2010—2020 年植被覆盖变化如图 4.6 所示。2010—2020 年，青土湖绿洲 $NDVI$ 总体上在 0.075～0.244 之间波动变化，$NDVI$ 多年平均值为 0.148。利用 M-K 法对 $NDVI$ 研究时段内的变化趋势进行检验，检验 Z 值为 3.74，通过了置信度为 99% 的显著性检验，表明青土湖绿洲自 2010 年生态输水以来，植被覆盖整体上呈现明显的增长趋势。通过 $NDVI$ 历时变化曲线可以看出，2010 年至 2016 年间，随着生态输水工程的开展，青土湖绿洲植被恢复明显，$NDVI$ 逐年增大；自 2016 年开始至今，青土湖绿洲 $NDVI$ 的增长开始出现一定程度的波动，但总体上依然维持着增长态势。

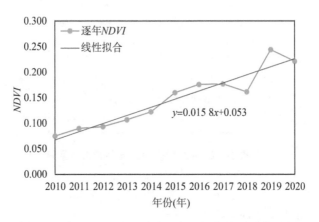

图 4.6　青土湖绿洲 2010—2020 年逐年夏季植被覆盖变化

2010—2020年青土湖绿洲植被覆盖空间变化如图4.7所示。自2012年开始，青土湖绿洲植被覆盖整体开始出现较为明显的增长，空间格局变化较为明显，湖滨周边区域植被分布明显增加。整个区域南部的植被覆盖整体上高于北部地区，这主要是因为生态输水的水渠是从青土湖绿洲南部进入[62]，当输水经绿洲南部注入后，基本以漫灌的形式自南向北漫至整个绿洲区域，所以可能导致绿洲南部地区的植被生长所需的水分条件要优于北部，使南部地区的植被长势较好。青土湖绿洲植被覆盖变化结果表明，生态输水对于青土湖绿洲植被的生长恢复具有十分显著的促进作用。

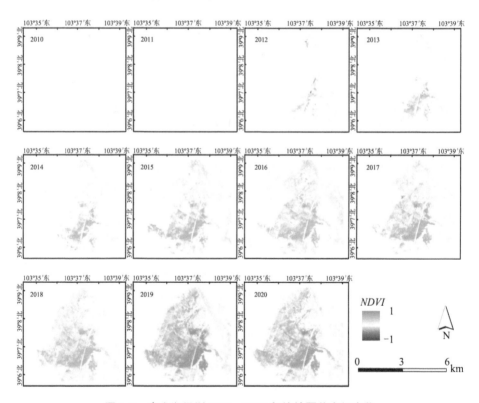

图4.7 青土湖绿洲2010—2020年植被覆盖空间变化

4.3.1.3 青土湖绿洲空间格局复杂性演变特征

（1）青土湖绿洲覆被类型演变特征

利用2019年UAV影像计算青土湖绿洲 FVC，并将其和 $NDVI$ 影像按300 m空间分辨率聚合，以消除不同数据源可能带来的空间误差，结果如

图 4.8 所示。

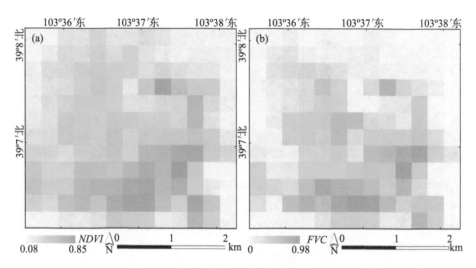

图 4.8　青土湖绿洲 2019 年 NDVI 与 FVC

从图中可以看出,青土湖绿洲 NDVI 与 FVC 具有较好的空间一致性。基于聚合后的 NDVI 和 FVC 数据,对青土湖绿洲 FVC 与 NDVI 的相关关系进行拟合,得到青土湖绿洲 FVC 与 NDVI 的相关关系拟合曲线,如式(4.36)所示。

当 NDVI 小于 0.08 时,FVC 数值为 0;当 NDVI 介于 0.08~0.85 之间时,青土湖绿洲 FVC 与 NDVI 之间有较为显著的非线性正相关关系,相关系数 R 为 0.93($p<0.01$);当 NDVI 大于 0.85 时,青土湖绿洲 FVC 达到 100%。

$$FVC = \begin{cases} 0, & NDVI < 0.08 \\ 132.35(NDVI - 0.08)^{1.49}, & 0.08 \leqslant NDVI < 0.85 \\ 1, & NDVI \geqslant 0.85 \end{cases}$$

(4.36)

基于青土湖绿洲 FVC - NDVI 相关关系,根据青土湖绿洲覆被 4 种等级类别对应的 FVC 阈值,对 2010—2020 年青土湖绿洲覆被进行划分。2010—2020 年青土湖绿洲覆被空间格局演变如图 4.9 所示。

自 2010 年开始,青土湖绿洲在生态输水的驱动下逐渐恢复,裸地逐步向低覆盖、中覆盖和高覆盖类型土地演替;绿洲中部恢复情况要优于边缘地带,绿洲内高覆盖区域的面积在近些年有明显增大的态势,表明青土湖绿洲在生态输水工程实施后生态环境有了较为明显的改善。

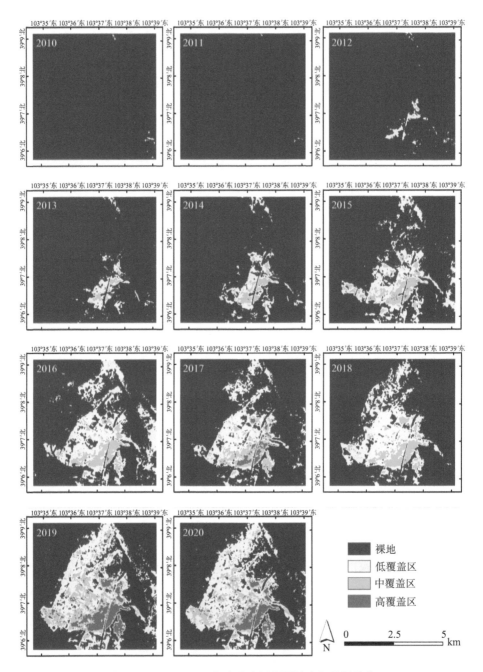

图 4.9 2010—2020 年青土湖绿洲覆被空间格局演变

（2）青土湖绿洲覆被组分复杂性演变特征

2010—2020 年青土湖绿洲覆被类型 X 和覆被类型组对 Z 的香农熵计算结果如图 4.10 所示。从结果可以看出,自 2010 年生态输水以来,青土湖绿洲覆被类型和覆被类型组对的香农熵均呈现随时间逐步增大的变化特征（图 4.10(a)）,表明青土湖绿洲覆被组分复杂性有所提高。X 和 Z 的香农熵随时间的变化特征较为相似,相关系数 R 接近于 1（$p < 0.01$）。青土湖绿洲覆被类型 X 的归一化熵与覆被类型组对 Z 的归一化熵匹配较好（图 4.10(b)）,二者的散点分布在 1∶1 线附近,进一步说明利用绿洲覆被类型组对可以较好地表征绿洲覆被类型的空间信息。

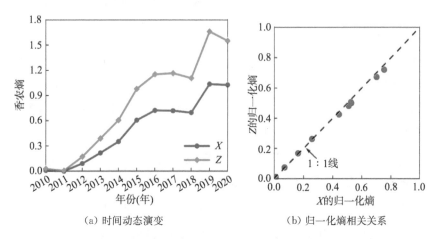

(a) 时间动态演变　　　　　　　　(b) 归一化熵相关关系

图 4.10　2010—2020 年青土湖绿洲覆被类型 X 与覆被类型组对 Z 的香农熵变化特征

2010—2020 年青土湖绿洲覆被时间演变特征如图 4.11 所示。其中图 4.11(a) 显示了裸地、低覆盖区、中覆盖区和高覆盖区 4 种不同覆被类型在影像中所占像元的比例,即估算了不同土地覆被类型的概率质量函数 $p(x_i)$；图 4.11(b) 为绿洲不同覆被类型组对 Z 所占的比例,即估算了不同覆被类型组对的概率质量函数 $p(z_r)$。当绿洲各覆被类型的出现频次以及覆被类型空间组合的出现频次趋于均匀,归一化熵值较高且接近于 1；反之,归一化熵值则较低且接近于 0。

自 2010 年生态输水实施以来,裸地占比下降明显,裸地向低覆盖、中覆盖、高覆盖覆被类型逐步演替,青土湖绿洲逐渐恢复。总体上,各覆被类型的出现频次及各覆被类型组对的出现频次逐渐趋于均匀,表明生态输水对于青土湖绿洲恢复和植被多样性的增加具有显著的促进作用。

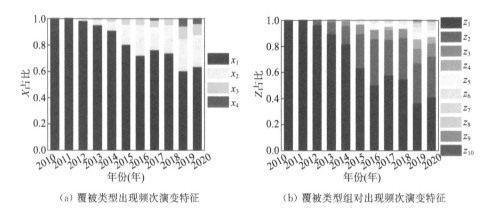

（a）覆被类型出现频次演变特征 （b）覆被类型组对出现频次演变特征

图 4.11　2010—2020 年青土湖绿洲覆被时间变化特征

（3）青土湖绿洲覆被空间配置复杂性演变特征

青土湖绿洲 2010—2020 年空间熵变化特征如图 4.12 所示。青土湖绿洲空间熵分解及其动态演变分析结果表明,2010—2020 年青土湖绿洲空间关联信息和空间残差熵呈同步增长趋势(图 4.12(a)),表明青土湖绿洲土地覆被空间配置同时呈现出一定的随机性和规律性;然而,空间残差熵相对于空间关联信息的占比较大,空间关联信息所占的比例最大仍不超过 10%,说明青土湖绿洲不同覆被类型及其组合在空间配置上以随机性占据主导。在青土湖绿洲恢复过程中,空间关联信息所占比例上升趋势明显(图 4.12(b)),青土湖绿洲不同覆被类型及其组合在空间配置上的规律性有所增强。

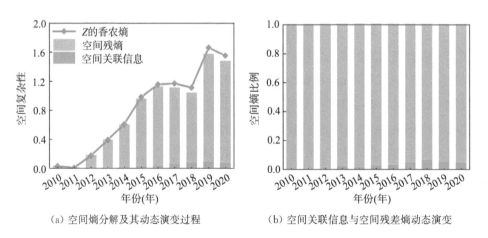

（a）空间熵分解及其动态演变过程 （b）空间关联信息与空间残差熵动态演变

图 4.12　青土湖绿洲 2010—2020 年空间熵变化特征

　　分析不同距离区间上的空间分异信息有助于深入理解绿洲覆被类型空间异质性。在空间熵分析结果的基础上,进一步对局部空间熵的演变特征进行分析,结果如图 4.13 所示。总体上,在不同空间距离范围内青土湖绿洲空间配置复杂性有所差异。在近距离 1 km 范围内,不同覆被类型空间配置的规律性相对较强,这可能主要是因为绿洲相邻植被个体之间的协同共生关系,可能会导致环境资源更多地汇集在植被生长区域,从而为植被的生长提供更为有利的条件[208];在中距离 1~5 km 范围内,不同覆被类型空间配置的规律性较弱,随机性此时占据主导地位;而在远距离(>5 km)范围内,不同覆被类型空间配置的随机性减弱,而规律性随距离增大逐步占据主导地位。

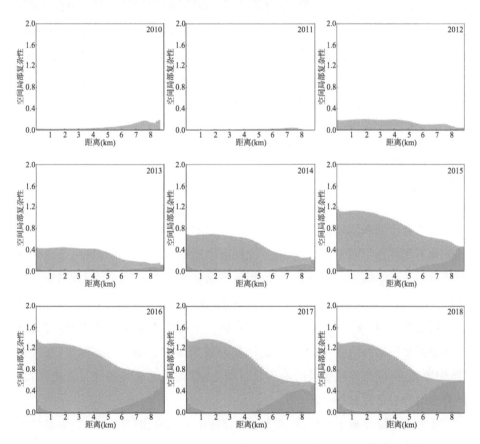

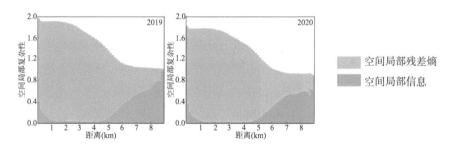

图 4.13　青土湖绿洲 2010—2020 年局部空间熵演变特征

青土湖绿洲空间局部复杂性的变化特征,可能主要与绿洲各类型植被生长覆盖区在不同距离区间内的出现频次有关。青土湖绿洲植被的恢复多集中在距离绿洲中心较近的区域,因此在小于 5 km 的空间距离范围内,绿洲覆被类型共现的不确定性增强,空间局部残差熵占据优势。而当距离大于 5 km 时,绿洲覆被类型主要为裸地,共现分析中几乎含有各种植被恢复生长覆盖区,参与共现分析的两个像元基本全部位于荒漠区域,因此绿洲覆被类型共现具有相对较高的确定性。

4.3.2　生态输水驱动下青土湖绿洲恢复时空演变机理分析

4.3.2.1　生态输水对青土湖绿洲地下水恢复的影响

基于青土湖水文站长期观测数据和实地调查观测的 2018 年、2019 年两年绿洲地下水埋深空间分布数据,通过分别对生态输水后青土湖绿洲地下水埋深变化特征及其空间格局开展分析,解析地下水恢复对青土湖绿洲空间格局复杂性演变的影响,分析结果如图 4.14、图 4.15 所示。青土湖绿洲地下水埋深动态分析结果表明(图 4.14),自 2010 年开展青土湖生态输水工程以来,青土湖绿洲地下水位抬升明显,地下水位的恢复有效地促进了绿洲生态恢复,高覆盖度、中覆盖度、低覆盖度植被的面积显著增大,绿洲植被总体覆盖显著提高,覆被类型组分复杂性显著上升。

从青土湖绿洲地下水埋深空间格局分析中可以看出(图 4.15),生态输水后青土湖绿洲地下水位从绿洲核心区至外缘沙漠区域总体上呈梯度下降的变化趋势,地下水埋深从绿洲核心区至外缘沙漠区域则呈上升趋势,空间梯度规律性较强。这是由于生态输水沿水渠直接输送至青土湖绿洲中心,随着水分不断下渗,使绿洲中心地下水位相比周边区域抬升明显;绿洲中心与周边区域形成的地下水水头差驱动地下水侧向流动,使周边区域的地下水埋深不断变浅,从而整个绿洲的地下水埋深形成了由绿洲中心至外缘荒漠逐渐递减的梯度分布格局[62]。同时由于受地表高程起伏变化的影响,地下水埋深从绿洲核心区至外缘沙漠也呈现出一定的随机性变化特征。因此,通过上述分析可知,地下水埋深是驱动青土湖绿洲恢复的关键环境因子之一,地下水埋深空间格局规律性与随机性共存的特性,是青土湖绿洲覆被空间格局复杂性的重要影响因素。

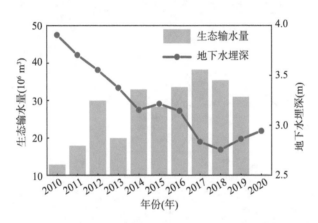

图 4.14   生态输水后青土湖绿洲地下水埋深变化特征

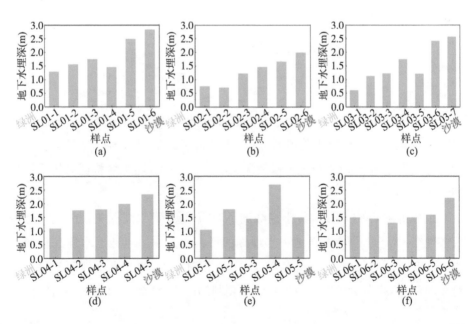

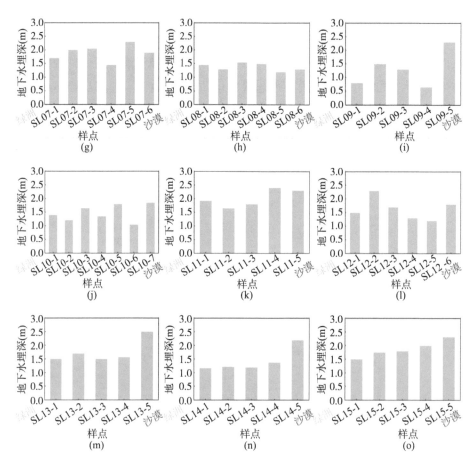

图 4.15 青土湖绿洲地下水埋深空间格局

4.3.2.2 青土湖绿洲 NDVI 与地下水埋深的复杂性关系

基于卫星遥感影像以及青土湖生态样方调查数据,通过分析青土湖绿洲 NDVI 与地下水埋深的相关关系,进一步解析了青土湖绿洲恢复时空演变机理。青土湖绿洲 NDVI 与地下水埋深关系的规律性和随机性特征分析结果如图 4.16 所示。

由分析结果可以看出,青土湖绿洲 NDVI 与地下水埋深关系的规律性主要体现在:NDVI 总体上随地下水埋深的增大而减小。当地下水埋深较浅且小于 2.3 m 时,植被长势总体较好、NDVI 相对较大;当地下水埋深较深且超过 2.3 m 时,水分为限制植被生长的重要制约因素,植被会因水分胁迫导致生长受限、NDVI 相对较小。

青土湖绿洲 NDVI 与地下水埋深的随机性主要体现为：当地下水埋深较浅、小于 2.3 m 时，水分基本能够满足植被生长需求，土壤养分、土壤盐分、植被种内与种间关系等共同影响植被生长恢复，因此 NDVI 波动范围较大，裸地、低覆盖、中覆盖、高覆盖覆被类型均有分布。由上述分析可知，青土湖绿洲 NDVI 与地下水埋深的复杂关系也是影响绿洲恢复时空动态变化的重要因素。

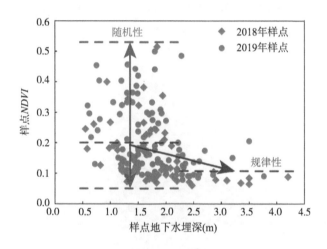

图 4.16　青土湖绿洲 NDVI 与地下水埋深关系的规律性与随机性特征

4.4　青土湖绿洲恢复时空模拟及生态输水量优化分析

4.4.1　青土湖绿洲水文生态恢复效果评价

青土湖绿洲对生态输水的水文生态时空响应如图 4.17 所示。经过 10 年的生态输水，青土湖绿洲总体上地下水水位抬升明显，绿洲面积显著扩大，绿洲植被恢复生长，生态环境状况有所改善。青土湖绿洲年平均地下水埋深整体上呈现较为明显的下降趋势，下降幅度约为 1 m，并且随着生态输水的稳定开展，地下水埋深下降趋势逐渐趋于稳定。

青土湖绿洲面积在输水开始后不断扩大，2020 年绿洲面积约达 25 km^2。Z 分析发现绿洲面积和地下水埋深之间呈高度负相关（$R = -0.94$）。绿洲生态

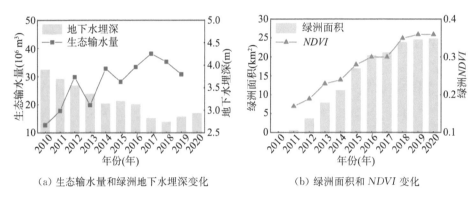

(a) 生态输水量和绿洲地下水埋深变化   (b) 绿洲面积和 *NDVI* 变化

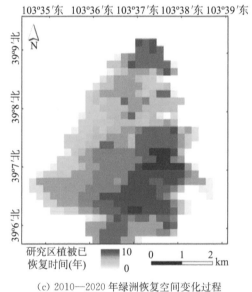

(c) 2010—2020 年绿洲恢复空间变化过程

图 4.17   生态输水后青土湖绿洲的水文生态响应

恢复区域的 *NDVI* 均值出现明显增长,表明生态输水对绿洲植被的生长环境起到了明显的改善作用。绿洲 *NDVI* 也与地下水埋深呈高度负相关($R=-0.93$)。青土湖绿洲植被恢复面积以及 *NDVI* 的变化也随着输水的开展而逐渐趋于稳定。

植被生长受环境因素影响,如土壤质地、水分供给、养分、温度和太阳辐射等。在干旱区内陆河流域,由于降水稀少、蒸发强烈,水分供给成了限制植被生长的重要因素[71]。植被根系从潜水含水层和非饱和土壤中获取水分,而土壤中的水分则由地下水通过毛细管上升供给。绿洲面积及其 *NDVI* 与地下水埋深显著相关,验证了利用地下水埋深作为驱动因子模拟干旱区绿洲生态响应的合理性。另外,由图 4.17(c)可知,受生态输水影响,青土湖绿洲在恢复过程中,其空间演变过程是不规则的。因此,为更加全面地了解生态输水驱动下青土湖绿洲的生态响应过程,制定更为科学合理的输水策略,构建 CA 模块对青土湖绿洲恢复的空间演变过程进行模拟是十分必要的。

4.4.2　模型参数率定及验证结果

对构建的青土湖绿洲 CLEM 模型进行参数率定和验证,采用青土湖绿洲基础数据资料,通过结合 MCMC 法的贝叶斯推理法率定模型中涉及的 11 个参数,率定的 CLEM 模型参数值见表 4.1。

表 4.1　青土湖绿洲 CLEM 模型参数估计表

模型参数	单位	参数含义	参数值
θ	—	与地下水补给相关的经验系数	1.09
h_A	m	当绿洲恢复面积达到其可恢复的最大面积的一半时所对应的地下水埋深值	3.19
h_V	m	当绿洲 NDVI 恢复至其可达到的最大 NDVI 的一半时所对应的地下水埋深值	3.23
k_E	—	与 NDVI 对蒸散发影响相关的经验系数	0.32
s_A	m	绿洲恢复面积所对应的地下水承载能力曲线的倾斜度	0.26
s_V	m	绿洲 NDVI 所对应的地下水承载能力曲线的倾斜度	0.70
A_R	km^2	生态输水补给地下水的区域面积	74.94
β_V	1/a	绿洲恢复面积增长率	2.30
α	—	绿洲可恢复的最大面积与生态输水补给地下水的区域面积之间的比例系数	0.40
β_A	1/a	绿洲 NDVI 增长率	1.31
$V_{\max}$	—	绿洲 NDVI 最大值	0.52

利用表 4.1 中的 CLEM 模型参数估计值,构建青土湖绿洲 CLEM 模型并对其模拟精度进行验证。青土湖绿洲 CLEM 模型模拟精度及其评价结果分别如图 4.18、表 4.2 所示。模型模拟精度分析表明,模拟值与实际观测值一致性较高;3 个模型输出量的 R 值均通过置信度 95% 的检验,RMSE 值较小,均满足精度要求。因此,青土湖绿洲 CLEM 模型对生态输水驱动的绿洲水文生态动态过程的模拟效果较好。

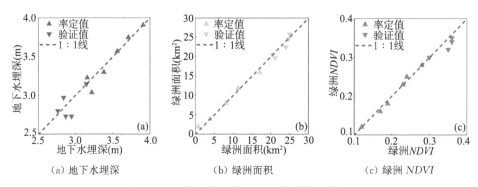

（a）地下水埋深　　　　　（b）绿洲面积　　　　　（c）绿洲 NDVI

图 4.18　青土湖绿洲 CLEM 模型模拟精度

表 4.2　青土湖绿洲 CLEM 模型模拟精度评价

评价指标	地下水埋深（m）		绿洲面积（km²）		绿洲 NDVI	
	率定值	验证值	率定值	验证值	率定值	验证值
R	0.97	0.77	1.00	0.97	0.99	0.98
$RMSE$	0.10	0.15	0.73	0.79	0.01	0.01

对青土湖绿洲 CLEM 模型所耦合的 CA 模块进行参数率定及验证。利用
2010—2015 年数据计算得到青土湖绿洲水分可利用性指数 WAI 和邻域植被
指数 NVI 两项指标的经验频率，结果如图 4.19（a）、（b）所示。基于 WAI 和
NVI 的经验频率，利用 Clayton Copula 函数建立 WAI 和 NVI 的联合分布。
根据图 4.19（c）展示的拟合优度检验结果，R 值较高、$RMSE$ 值较低，表明
Clayton Copula 函数可较好地拟合 WAI 和 NVI 之间的联合分布。青土湖绿
洲 WAI 与 NVI 的联合分布如图 4.19（d）所示，青土湖绿洲像元的植被适宜性
指数 VSI 值根据表征 WAI 与 NVI 联合分布的 Clayton Copula 函数计算
得到。

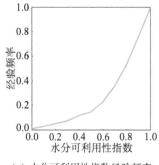
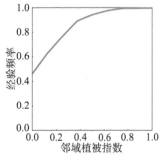

（a）水分可利用性指数经验频率　　　　（b）邻域植被指数经验频率

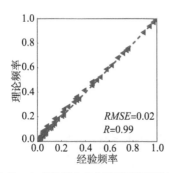 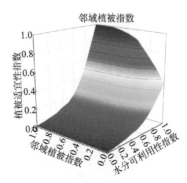

（c）Copula 函数拟合水分可利用性指数与邻　　　（d）综合水分可利用性指数与邻域植被指数
　　域植被指数联合分布精度评估　　　　　　　　　的植被适宜性指数联合分布

图 4.19　青土湖绿洲 CA 模块各项参数率定及检验结果

以 2015 年实测的青土湖绿洲植被分布影像和 CLEM 模拟输出的绿洲面积作为 CA 模块的输入,模拟得到 2016—2020 年青土湖绿洲植被空间分布图,通过对比历年实测影像数据,验证 CA‐CLEM 模型模拟精度,验证结果如图 4.20 所示。从图中可以看出,CA‐CLEM 模型对于青土湖绿洲植被空间分布的模拟效果较好,模拟值与实测值不一致的像元较为零散稀疏地分布在研究区内;Kappa 系数约为 0.9,表明模拟影像与实测影像之间的一致性较好。综上所述,青土湖绿洲 CA‐CLEM 模型在模拟生态输水后绿洲水文生态恢复响应各方面效果较好。

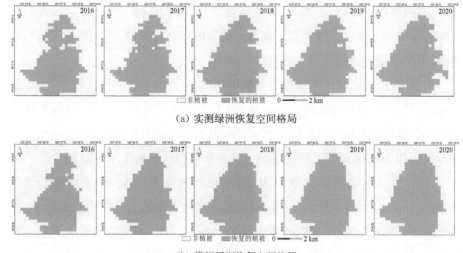

（a）实测绿洲恢复空间格局

（b）模拟绿洲恢复空间格局

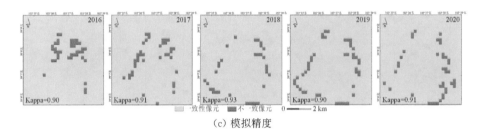

(c) 模拟精度

图 4.20　青土湖绿洲 CA‐CLEM 模型模拟精度评价

4.4.3　青土湖绿洲对生态输水变化的时空响应分析

4.4.3.1　青土湖绿洲对生态输水变化的时空响应特征

利用实测数据和估计参数模拟了 2010—2020 年青土湖绿洲对生态输水的水文生态时空动态响应,模拟结果如图 4.21 所示。模拟结果表明,模拟值与实测值吻合度较高,再次验证了 CLEM 模型模拟绿洲对生态输水的动态响应的效果较好。

基于 CA‐CLEM 模型,进一步预测 3 种预设生态输水情境下 2021—2030 年青土湖绿洲水文生态时空动态响应。不同输水情境下青土湖绿洲水文生态响应模拟预测结果表明,在情境(a)石羊河流域遭遇旱情等情况缺水而导致生态输水量减少的情况下(图 4.21(a1)~(a3)),绿洲地下水消耗量增大,导致绿洲地下水位下降,绿洲水资源短缺。同时,地下水埋深的增大使植被可利用水量减少,植被面积缩减,*NDVI* 降低,最终导致绿洲大面积退化。因此,若石羊河生态输水量无法达到维持青土湖绿洲所需的生态需水量,青土湖绿洲将面临萎缩、退化甚至可能再次消失的局面。

在情境(b)生态输水维持现有规模的情况下(图 4.21(b1)~(b3)),生态输水补给量与绿洲蒸散量之间达到平衡,地下水埋深相对稳定,绿洲可基本维持现状。在维持现有输水模式的情况下,绿洲面积和 *NDVI* 波动较小,这是由于绿洲面积和 *NDVI* 逐渐达到当前地下水埋深所对应的地下水承载能力。

在情境(c)生态恢复力度加大、输水量增加至 0.5 亿 m^3 的情况下(图 4.21(c1)~(c3)),输水量的增加使绿洲地下水埋深在随后几年内不断缩减,直至逐渐达到相对稳定,形成新的水量平衡状态。同时,绿洲的地下水承载力有所提升,绿洲面积和 *NDVI* 也相应增加。当绿洲面积和 *NDVI* 达到绿洲地下水承载能力时,绿洲面积和 *NDVI* 会维持在一个相对稳定的水平。

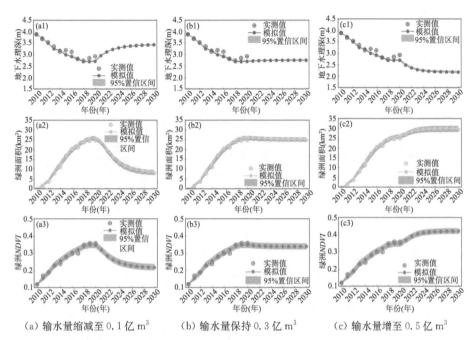

（a）输水量缩减至 0.1 亿 m³　　（b）输水量保持 0.3 亿 m³　　（c）输水量增至 0.5 亿 m³

图 4.21　青土湖绿洲对不同输水情境的响应预测

　　不同输水情境下,绿洲对生态输水的响应幅度也有所不同。通过对情境(a)和情境(b)中绿洲最终达到的稳定状态进行比较,当生态输水量从 0.1 亿增加至 0.3 亿 m³ 时,地下水埋深减少了 0.68 m,绿洲面积增加了 16.85 km²,绿洲 *NDVI* 增加了 0.12。通过比较情境(b)和情境(c)中绿洲最终达到的稳定状态发现,当生态输水量从 0.3 亿 m³ 进一步增加至 0.5 亿 m³ 时,地下水埋深减少量为 0.58 m,绿洲面积增加量为 4.50 km²,绿洲 *NDVI* 增加量为 0.08。这表明,相同的生态输水增量(0.2 亿 m³)会引起绿洲不同程度的响应。从绿洲面积和 *NDVI* 的增量来看,生态输水量从 0.1 亿 m³ 增加至 0.3 亿 m³ 比从 0.3 亿 m³ 增加至 0.5 亿 m³ 能产生更多的生态效益。对于水资源本就非常稀缺的干旱内陆河流域而言,也更倾向于使用较少的水资源量产生更大的生态效益以及更优的生态恢复效果。

　　基于所预设的 3 种不同生态输水情境,模拟 2021—2030 年绿洲空间动态响应,结果如图 4.22 所示。模拟结果表明,青土湖绿洲在不同输水情境下经过 10 年的演变,呈现出不同的空间分布格局。当生态输水量分别为 0.1 亿 m³、0.3 亿 m³ 和 0.5 亿 m³ 时,2030 年青土湖绿洲面积分别可达 8.24 km²、

25.10 km^2 和 29.59 km^2。此外,增加生态输水量情况下的绿洲空间分布格局,与保持当前生态输水量条件下的绿洲空间分布格局相类似,但生态输水量的增加对绿洲面积进一步扩张的影响相对较小。

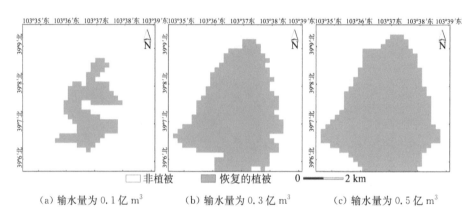

（a）输水量为 0.1 亿 m^3 （b）输水量为 0.3 亿 m^3 （c）输水量为 0.5 亿 m^3

图 4.22 2021—2030 年不同生态输水情境下青土湖绿洲 2030 年空间格局预测

当输水量减少到 0.1 亿 m^3 时,青土湖绿洲出现较为明显的萎缩。图 4.23 为模型模拟的 2021—2030 年青土湖绿洲萎缩动态变化过程。当输水量由现状 0.3 亿 m^3 减少至 0.1 亿 m^3 时,绿洲面积缩减了约 17 km^2。输水量的减少导致绿洲地下水位下降,植被生长可利用水量减少,绿洲地下水承载能力降低。因此,绿洲生境适宜性的恶化,导致绿洲植被出现退化。由于植被适宜性指数 VSI 的空间异质性,绿洲在萎缩的过程中绿洲边界以不规则的形式缩减,并最终使绿洲呈现出碎片化的空间格局。

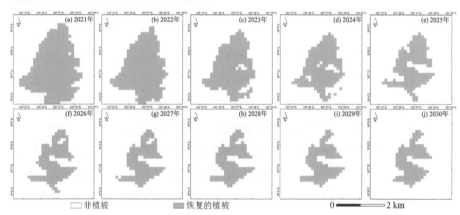

图 4.23 2021—2030 年生态输水 0.1 亿 m^3 情境下青土湖绿洲空间动态预测

4.4.3.2　青土湖绿洲生态输水建议与对策

通过分析石羊河流域尾闾青土湖绿洲对生态输水变化的响应可知,当前青土湖绿洲生态较为脆弱,其生态环境明显依赖于生态输水。所以,宜继续实施生态输水工程,维持已恢复的植被群落。

由于绿洲的恢复与生态输水量之间呈非线性正相关,即单位输水量在绿洲恢复初期所产生的生态效益大于绿洲恢复到接近于地下水最大承载力附近时的生态效益。当绿洲恢复到一定程度后,进一步的恢复需要更多的输水量,相应地用水成本也有所增加。因此制定尾闾绿洲生态输水策略,既要考虑其产生的生态效益,又要考虑相应的用水成本。适宜的绿洲恢复目标对于制定节约高效的输水策略是十分必要的。

4.4.4　青土湖绿洲生态输水量优化

以 2010 年为起始,将预设生态输水方案对应的生态输水量 $W_{E,i}(i=1,\ \cdots,\ 24)$ 作为模型输入,各生态输水方案 $i(i=1,\ \cdots,\ 24)$ 的生态输水量等间距依次为 $W_{E,1}=5\times10^6\ \mathrm{m}^3$,$W_{E,2}=10\times10^6\ \mathrm{m}^3$,$\cdots$,$W_{E,23}=115\times10^6\ \mathrm{m}^3$,$W_{E,24}=120\times10^6\ \mathrm{m}^3$,共 24 种生态输水方案。模拟时长为 20 年,绿洲恢复达到稳定状态,分析不同生态输水方案下绿洲恢复达到稳定状态时的恢复效果,模拟结果如图 4.24 所示。

在 24 种生态输水方案下,青土湖绿洲水文生态演变过程基本相同,绿洲逐渐恢复并达到相对稳定的状态。随着生态输水量的增加,地下水埋深大幅下降,说明生态输水能有效补给当地地下水。输水量的增大有利于植被生长和绿洲的扩张。而受绿洲地下水位升高和植被恢复的共同影响,随着输水量的增加,绿洲蒸散量显著增大。当输水量持续增加时,绿洲面积和 NDVI 的增速逐渐放缓,蒸散量却持续显著增加。在这种情况下,生态输水的生态效益有所下降,输水成本随之增加。

青土湖绿洲生态输水量优化结果如图 4.25 所示。通过分析生态效益与绿洲蒸散损耗之间的相关关系可知(图 4.25(a)),生态输水产生的生态效益随绿洲蒸散损耗水量的增加呈非线性增长。当输水量相对较小时,绿洲蒸散损耗水量的增加会产生较大的生态效益增量,说明生态效益对蒸散损耗水量较为敏感。反之,当输水量较大时,生态输水产生的生态效益对蒸散损耗水量的敏感性较低,相同的蒸散耗水增量所产生的生态效益增量相对较小。理论上最理想的生态输水情境是指以最小的绿洲蒸散损耗产生最大的生态用水效益。因此,

最佳的输水方案即为最接近此理想情境的输水模式。

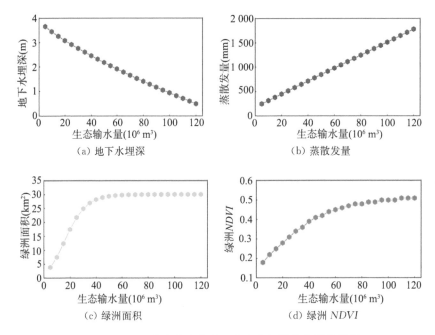

（a）地下水埋深　　　　　　　　　（b）蒸散发量

（c）绿洲面积　　　　　　　　　（d）绿洲 *NDVI*

图 4.24　不同生态输水方案下青土湖绿洲恢复效果模拟

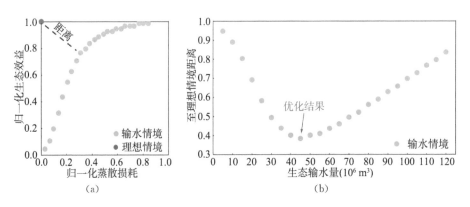

（a）　　　　　　　　　　　　　　（b）

图 4.25　青土湖绿洲生态输水量优化

理想情境距离分析结果表明（图 4.25（b）），青土湖绿洲 D_i 最小值所对应的生态输水方案为 $i=9$，即 $W_{E,9}=45\times10^6\ \mathrm{m}^3$。此时青土湖绿洲恢复效果为：地下水埋深恢复至 $2.31\sim2.35\ \mathrm{m}$，绿洲面积恢复至 $27.98\sim30.61\ \mathrm{km}^2$，绿洲 *NDVI* 恢复至 $0.40\sim0.42$，绿洲生态环境总体上可恢复至较为良好的状态。因此,推荐将其作为青土湖绿洲适宜生态恢复目标。相应地,推荐将 0.45 亿 m³ 作为青土湖绿洲适宜生态输水量。

4.5 本章小结

本章主要分析了生态输水驱动下干旱内陆河流域尾闾绿洲恢复时空演变特征机理及生态输水量的优化。构建了基于水文生态模拟的尾闾绿洲恢复生态输水量优化框架。通过结合遥感解译与野外调查,融合卫星遥感影像、无人机航拍影像、生态样方观测等多源数据,分析了石羊河流域尾闾青土湖绿洲水面面积和植被覆盖时空变化特征;采用香农熵和空间熵分析并讨论了生态输水驱动下绿洲空间格局复杂性的演变特征。提出了生态输水驱动下的干旱内陆河流域尾闾绿洲 CA-CLEM 生态水文模型构建方法,该模型在融合水量平衡方程、绿洲动态响应方程和潜水蒸散发方程的基础上,耦合了可模拟绿洲空间分布的 CA 模块,弥补了 CLEM 模型无法模拟绿洲空间格局的不足。构建了青土湖绿洲 CA-CLEM 生态水文模型,模拟了生态输水驱动下青土湖绿洲地下水埋深、绿洲恢复面积和绿洲 NDVI 的响应过程,以及绿洲空间格局动态响应。利用多情境分析与多目标优化确定了绿洲适宜生态输水量,提出了相应的绿洲适宜恢复目标。本章主要结论如下:

(1) 构建并阐释了基于水文生态模拟的尾闾绿洲恢复生态输水量优化框架,可概括为:通过绿洲水文生态机理分析为生态水文模型构建提供理论基础,构建的绿洲生态水文模型为尾闾绿洲水文生态情势动态模拟预测和输水量优化提供技术支撑。基于多情境分析和多目标优化,探究尾闾绿洲适宜恢复目标及生态输水量,为流域水文生态格局调控目标设定提供参考依据。

(2) 自 2010 年人工生态输水以来,青土湖已形成较为明显的季节性淹没区域。反季节输水模式使青土湖冬季水面面积大于夏季。总体上生态输水促进了青土湖绿洲水面的形成及扩张。若继续保持当前的生态输水规模,青土湖绿洲水面面积可能会维持一个相对稳定的状态。生态输水后青土湖绿洲植被覆盖整体呈上升趋势,植被恢复较为明显。湖滨周边植被分布增长明显,自南向北的输水方式使绿洲南部植被恢复优于北部植被。生态输水对于青土湖绿洲植被的生长恢复具有显著的促进作用。

(3) 生态输水驱动下,青土湖绿洲逐渐恢复,绿洲覆被组分复杂性有所提高,香农熵呈显著的上升趋势。裸地逐步向低覆盖、中覆盖和高覆盖覆被类型演替,各覆被类型的出现频次以及各覆被类型空间组合的出现频次趋于均匀。青土湖绿洲覆被空间配置同时呈现一定的随机性和规律性,绿洲不同覆被类型及其组对在空间配置上以随机性占主导地位;在绿洲恢复过程中,青土湖绿洲不同覆被类型及其组对在空间配置上的规律性有所增强。生态输水所导致的青土湖绿洲地下水埋深空间分布规律性与随机性共存的特性,是绿洲复杂的空间格局形成的重要因素之一;地下水埋深与绿洲 NDVI 之间复杂的相关关系,也是影响绿洲恢复时空动态变化的主要因素。

(4) 截至 2020 年,生态输水工程已累计向青土湖绿洲输水约 2.8 亿 m^3,绿洲地下水位抬升约 1 m,绿洲面积恢复至 25.06 km^2,绿洲 NDVI 恢复至 0.36。运用 CA - CLEM 模型模拟青土湖绿洲对生态输水量变化的时空响应,模型总体精度较好。情境分析表明,保持目前的生态输水策略可维持绿洲现有状态,绿洲地下水埋深、绿洲面积和 NDVI 相对稳定。若减少生态输水,绿洲将逐年以不规则的形式退化,最终可能导致绿洲破碎化。生态输水工程对于防控青土湖绿洲退化至关重要,建议继续实行生态输水。

(5) 生态输水的生态效益随绿洲蒸散损耗水量的增加呈非线性增长趋势。多目标优化分析表明,青土湖绿洲最优生态输水量为 0.45 亿 m^3,绿洲地下水埋深为 2.31~2.35 m、绿洲恢复面积为 27.98~30.61 km^2、绿洲 NDVI 为 0.40~0.42。建议将其作为青土湖绿洲适宜恢复目标,将 0.45 亿 m^3 水量作为青土湖绿洲年生态输水量的推荐值,超过该水量不会有效增加输水所带来的生态效益。

第 5 章

面向干旱内陆河流域生态健康的水文生态格局调控研究

维持流域水文生态格局的健康稳定,对于保障流域可持续发展至关重要,然而从水文生态格局的角度切入开展流域水文生态调控的研究尚显不足。本章将基于第 2 章研究区域数据处理与特征分析、第 3 章干旱内陆河流域水文生态格局时空演变与划分研究以及第 4 章干旱内陆河流域尾闾绿洲恢复时空演变及生态输水量优化研究等成果,开展干旱内陆河流域水文生态格局调控研究。通过归纳、提炼流域水文生态格局调控的内涵与理论基础,探讨面向干旱内陆河流域生态健康的水文生态格局调控原则与目标。结合第 3 章干旱内陆河流域水文生态分区研究结果,提出面向流域生态健康的水文生态格局调控技术框架。构建以水资源配置为内核、面向流域生态健康的水文生态格局调控模型,对石羊河流域水文生态格局开展调控分析,旨在为维系流域良好的生态环境、实现流域可持续发展提供科学合理的参考依据。

5.1 流域水文生态格局调控的内涵与理论基础

5.1.1 流域水文生态格局调控内涵

为使流域长期保持良好的生态健康状态,保障流域社会-经济-生态全方位可持续发展,针对流域现有及未来可能出现的水、生态与环境问题,开展流域水文生态调控是从根本上解决流域水文与生态问题的基本途径和重要手段[73]。

对于流域水文生态调控,章光新等人[73]提出了一个较为科学明晰的定义:通过充分利用水文生态相互作用的双向调节机制,利用工程或非工程措施,增加可利用水量和改善水质、维护并恢复生物多样性、提升生态系统服务功能、增强生态系统对变化环境的抵抗力和恢复力(Water-Biodiversity-Services-Resilience,WBSR),进而提升流域用水效率和效益以及生态系统的承载能力,从而确保流域水安全以及生态安全,支撑流域水资源-生态环境-社会经济系统的协调可持续发展。作为表征流域内具有不同水文生态特征区域的水文生态格局,针对其所进行的调控与管理本质上属于流域水文生态调控的范畴。

当下人类活动作为流域水文生态格局的重要影响因素,其主要是通过从流域水文生态过程中择取一定的物质与能量来满足自身发展,在此过程中伴随着对流域原有自然和谐的水文生态过程的破坏与改变,从而对流域水文生态格局产生影响。其中,最为直接显著的便是对流域下垫面土地利用与土地覆被的改变,并由此强烈地改变着地球表面的生物、能量和水分等多种过程[209,210],直接导致流域内水资源时空分布格局发生显著变化,从而对流域社会经济发展、生态环境等诸多方面产生深远影响。

一方面土地利用与土地覆被的剧烈变化,深刻影响了原有天然条件下流域的蒸发及产汇流等水文过程机制[211,212]。例如,伴随社会高速发展,城镇用地及耕地的大肆扩张,极大地破坏了土壤结构,土壤的硬化与压实结皮改变了区域下垫面的原有性质,使土壤渗透性下降,致使区域内降水入渗量减少、地表径流有所增加,改变了区域原有的水文循环过程[211]。另一方面,森林的大面积砍伐与过度放牧,使山区等区域天然林草面积锐减,区域植被降雨截流作用以及蒸散量减小,致使区域产流量增加,水土保持以及调节径流过程的能力被极大削弱[213]。

土地利用与土地覆被的巨大改变也势必会对流域生态系统的结构与功能等诸多方面产生直接影响[214]。比如,大肆将自然环境改造为农田以及城镇等一系列人类活动对自然生态系统群落发展演替的干扰,是造成物种多样性减少的重要原因[215,216];生产生活用水的不断增加挤占了天然生态用水,导致区域天然生态系统出现不同程度的退化[217,218],破坏了原有的天然景观结构,致使流域原有天然生态系统的功能性有所降低、生境稳态遭到破坏、生态系统抵抗力与恢复力大大减弱[219,220],从而使诸如干旱内陆河流域等生态环境本底脆弱区域的生态健康安全极易受到威胁。

流域水文与生态过程随着流域生态格局的改变而出现明显的变化,进而可影响到流域水文生态格局的情势波动。因此,可通过结合流域水资源配置,优化调整流域生态格局,将土地利用与土地覆被的优化调整作为主要手段与途径,实现对流域水文生态格局的调控与管理。

结合章光新等人[73]对流域水文生态调控和有关面向生态-社会协调可持续的流域水资源综合管理两方面定义,本书尝试提出流域水文生态格局调控的内涵:以生态水文学、决策理论等为指导,深入理解流域水文与生态格局特征,分析流域水文生态格局及其特征差异,明确保护目标及所需水量,利用流域水文生态双向调节功能,通过工程与非工程措施,以保障流域生态健康为目标,基于流域水资源配置,通过对流域生态格局进行优化调整,平衡经济效益与生态价值,增加可利用水量,实现流域水文生态格局科学调配,从而增强流域生态系统的稳定性,促进流域社会-经济-生态多维可持续发展(图 5.1)。

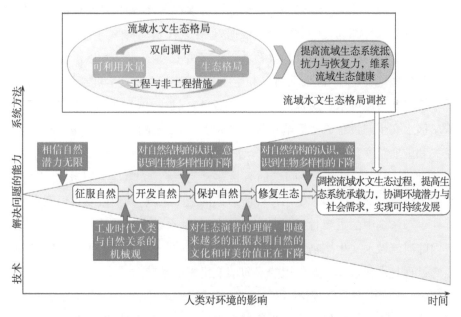

图 5.1　流域水文生态格局调控示意图(根据 Zalewski(2015)[8]修改)

在流域水文生态格局调控中,流域及流域各水文生态分区是调控的基本单元,因为水作为流域自然生态系统与社会经济系统组成、运转的关键必要组分,将流域内各部分连接为一个不可分割的整体。对流域内任何一个部分的水文生态过程与格局进行调整，势必会影响到其他部分乃至整个流域的生态系统稳定。而流域水文生态分区作为构成与表征流域水文生态特征的基础要素，是科学合理判断分析流域综合生态保护目标及其用水需求的重要基础。因此流域水文生态格局调控必须以流域和流域各水文生态分区为单元，综合考量水资源的供需平衡以及社会经济发展与生态保护之间的平衡关系。

5.1.2　干旱内陆河流域水文生态格局调控的理论基础

干旱内陆河流域水文生态格局调控，是一个综合多学科、多目标以及多层次复杂理论结构的研究。其理论基础主要涉及：干旱区生态水文学、水文生态分区理论、干旱区生态需水理论、系统工程理论和决策理论等。

（1）干旱区生态水文学

干旱区生态水文学作为生态水文学的一个重要分支，伴随1992年生态水文学概念在都柏林的"水与环境"大会上被首次提出，已被广泛用作研究干旱区生态环境与水资源问题的重要理论依据，是在现代水文科学与生态科学交叉中发展的一个最为活跃的前沿学科领域[94]。干旱区生态水文学以水分与植物关系为基础理论，以干旱区生态格局和生态过程变化的水文学机制为研究核心，是干旱内陆河流域水资源合理配置、生态环境保护与恢复的重要理论依据[82]。干旱区水文生态过程直接影响植被的生长发育，植被的生长与覆盖状况是水土流失和土地荒漠化的主要控制因子，水文循环过程的改变往往是干旱区水土流失、土地荒漠化等生态环境问题的直接驱动力[143]。尤其是近几十年，随着人类社会高速发展对干旱区生态环境所造成的诸多影响，人们愈发意识到水文过程在生态系统中的重要性以及植被生长分布对水文过程的影响[11]。因此，干旱内陆河流域水文生态格局的合理调控，应建立在干旱区生态水文学所强调的生态过程与水文过程相互作用的双向调节机制的基础上[12]。

（2）水文生态分区理论

流域水文生态格局划分作为流域水文生态格局调控的重要基础，其核心理论基础为水文生态分区理论。水文生态分区是指在对流域水文生态系统客观认识的基础上，以流域自然水文生态系统的相似性与差异性规律，以及人类活动对流域水文生态系统的干扰规律作为划分依据，应用生态水文学与陆地生态系统科学，对流域水文生态空间单元的划分[18]。

（3）干旱区生态需水理论

作为生态水文学研究的一项重要内容，生态需水一直是该领域研究的前沿热点。其核心内涵就是指在维系一定生态系统的功能状况或目标下生态系统客观需求的水量，是区域生态环境需水量的重要组成部分[221]。对于生态环境本底脆弱的干旱内陆河流域而言，生态需水的内涵主要是指维护生态系统稳定、天然生态保护和人工生态建设所需消耗的水量[222]。可见，合理的生态需水是确保水资源严重短缺的干旱内陆河流域可持续发展的重要保证[223]。因此，干旱区生态需水理论是构成干旱内陆河流域水文生态格局调控的科学基础和重要手段。

（4）系统工程理论

流域作为一个由水循环系统、社会经济系统与生态环境系统所构成的具有整体功能的复合系统，针对其所进行的水文生态格局调控自然是以此流域水资源-社会经济-生态环境复合系统为基础展开。因此，干旱内陆河流域水文生态格局调控要从系统的角度切入，明确流域复杂系统的内部结构与外部关系，提出水文生态格局调控目标、手段与对象；在权衡社会经济发展与生态环境保护的前提下[224]，兼顾除害与兴利、开源与节流、工程与非工程措施的结合，统筹解决流域水文生态问题对社会经济可持续发展的制约。综上，系统工程理论为干旱内陆河流域水文生态格局调控提供了理论方法与技术手段。

（5）决策理论

著名管理学家、诺贝尔奖获得者赫伯特·西蒙（H. A. Simon）[225]曾指出"决策就是管理"。广义上，决策即运筹，是人们进行选择或者判断的一种思维活动。决策分析是在系统规划、设计等阶段为解决当前或未来可能发生的问题，在若干可选的方案中选择和决定最佳方案的一种分析过程[226]。随着人类认识与改造自然的不断深入，决策活动也变得愈发复杂，主要表现在：系统的规模越来越大；决策目标多样化、目标之间相互矛盾与不可公度；决策结构的多层次等等[227]。鉴于流域是一个涉及水资源-社会经济-生态环境的复合系统，因此为解决与预防当前和未来干旱内陆河流域所面临的一系列水文生态问题，针对其开展的水文生态格局调控是一个多目标、多层次的决策问题。其中涉及的水量优化分配、生态格局调配以及流域水文生态格局调控对策的提出等均以决策理论和方法为基础。因此，决策理论是干旱内陆河流域水文生态格局调控的重要依据。

5.2 面向流域生态健康的水文生态格局调控框架

基于干旱内陆河流域水文生态格局调控内涵,综合流域水文生态分区与重点生态保护目标,提出了面向流域生态健康的水文生态格局调控框架,如图5.2所示。

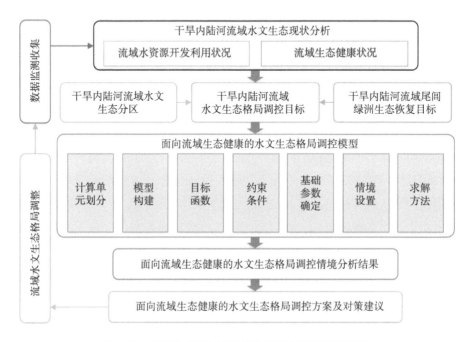

图 5.2 面向流域生态健康的水文生态格局调控框架

(1)基于现有的数据监测网络及平台,收集整理干旱内陆河流域的水文生态数据资料,如卫星遥感影像、地方发展年鉴、水资源公报等。探究流域水资源开发利用情况、生态健康状况等流域水文生态现状,剖析当前干旱内陆河流域水文生态所存在的主要问题。结合流域水文生态分区,分析并明确干旱内陆河流域水文生态格局调控的具体目标,为后续面向流域生态健康的水文生态格局调控提供依据。

(2)基于水量平衡原理,结合流域生态健康评估方法,构建以水资源配置为内核的面向干旱内陆河流域生态健康的水文生态格局调控模型。以流域内表征生态格局组分的各用地类型面积作为模型输入,通过设置不同的模拟优化情境,模拟分析不同情境下流域水文生态格局调控结果。结合流域实际情况及水文保护目标,针对性地提出面向流域生态健康的水文生态格局调控推荐方案及相应对策建议,为流域管理部门的决策调整和制定提供科学参考。后续可通过数据的长期监测采集,对调整后的流域生态健康状况进行分析评估,不断调整与完善流域水文生态格局调控策略,持续保障干旱内陆河流域的生态环境健康。

5.3　面向流域生态健康的水文生态格局调控原则与目标

5.3.1　调控原则

5.3.1.1　整体性原则

水是物质和能量的重要传输载体,流域以其为纽带,将上下游、左右岸、地上与地下连接为一个不可分割的整体,其中包括以水文循环为基础的自然生态系统和以水资源为纽带将不同地区、不同产业联系在一起的社会经济系统,各组分共同支撑并协调整个流域功能的正常运行。任何对流域的开发利用和调控行为都要遵守其自身的运动规律,避免人为切割破坏其功能的运行[94]。面向流域生态健康的水文生态格局调控应从全流域的角度出发,统筹考虑流域内不同组分、不同单元之间的相互联系和影响,综合考量调控目标和手段,在时间及空间上做到统筹兼顾,避免流域功能结构走向失衡。

5.3.1.2　公平性原则

公平主要涉及两方面,一是代内公平,即同代人之间的公平,表示同一流域内的社会成员应具有平等享用该流域生态环境资源的权利[94]。二是代际公平,即不同代人之间的公平,要求当代人对于生态环境资源的开发利用,要在能够维持生态环境资源的再生能力的范围内进行[228];在数量和质量上要能够保证后代人对于发展的需求,代际公平性原则在一定程度上也体现了流域的可持续发展原则[229]。在调控中,既要保证水资源的开发利用量不超过水资源的可开采量,重点维系地下水的可持续利用;又要考虑提升和维系流域生态环境能够长期处在一个较为健康良好的状态,以实现代际公平。

5.3.1.3 以人为本、生态优先

作为我国社会发展的一项基本大政方针,该原则本质上要求权衡好社会发展与生态保护之间的关系,既不能一心求发展而损害环境,也不能一味地强调保护而牺牲发展。生态优先是以人为本的先决条件,维护好流域的生态环境与一定质量和数量的国土资源,是其长期可持续发展的重要前提;同时,要在坚持生态优先的基础上实现以人为本,保障人们生产生活的基本用水,并且充分发挥人的主观能动性、提高生产效率和生活质量。因此,在进行面向流域生态健康的水文生态格局调控时,在以保护生态为根本前提的情况下,应充分保障人们对基本生产生活用水的需求,不能因此造成流域在其他方面出现危机或不稳定的状况。

5.3.1.4 以水定地原则

水作为重要的自然资源,其数量及空间分布对于生态格局规划发展极为关键,是重要的限制因素。以水定地是指在明确生态保护目标和可供水资源量的前提下,通过水资源底线约束,优化用水结构和土地利用空间布局,严格控制水资源开发利用,防止超采,保障生态空间用水,引导区域实现生态安全与可持续发展[230]。以水定地的核心就是要明确水资源和土地利用之间的关系,将用水定额作为重要指标,通过改进土地利用结构布局,实现水地平衡。重点在于协调社会经济发展与生态保护之间的关系[231],将水作为社会经济发展的关键限制条件;通过水资源平衡约束,确定土地利用与产业发展的承载规模,指导流域生态格局与产业结构优化调整,保障流域可持续发展[232]。

5.3.2 调控目标

基于流域水文生态格局调控内涵及调控原则,面向流域生态健康的水文生态格局调控目标是要保持和改善水所依托的生态系统的良性循环,进而维持稳定有序的自然生产力和抵抗外界干扰的适应和恢复能力,通过维持生态系统健康,为生态系统和人类社会的正常运转提供可持续的有力支撑。生态系统健康是生态系统发展的一种状态[94],在此状态下,各种自然条件与组分都处在适宜或可维持该系统生存的水平。健康的生态系统具有对变化环境的抵抗力和恢复力,也就是生态系统弹性。抵抗干扰的弹性越大,生态系统越发健康。

流域生态系统的健康程度与流域水文生态格局的组成结构密切相关,而流域水文生态格局的组成结构又由流域社会经济与生态水资源的开发利用方式和社会经济、生态的持续协调发展所共同决定。因此,要使流域水文生态格局调控后生态系统达到健康的状态,必须要以流域内经济效益和生态效益达到均衡为前提,平衡社会经济稳定发展与生态保护之间的竞争关系;在确保流域内社会经济与生态综合效益达到最大的基础上,实现流域生态健康状态最优。

5.3.3　结合流域水文生态分区的石羊河流域水系结构概化

为更加系统深入地分析石羊河流域水文生态格局调控目标,基于石羊河流域水系及水利关系概况,结合石羊河流域水文生态分区结果,对石羊河流域水系结构进行概化处理,概化后的石羊河流域水系结构如图 5.3 所示。

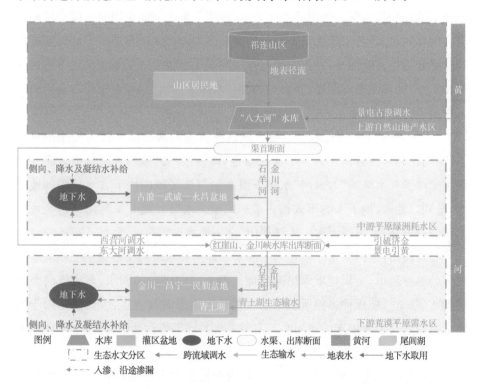

图 5.3　石羊河流域水系结构概化图(图中由上至下为由上游至下游)

结合流域水文生态分区,将石羊河流域水系自上游至下游大体划分为3部分:

(1)上游自然山地产水区。由于石羊河流域中下游基本不产流,流域内水量基本都产自祁连山区,因此将祁连山区概化为流域产水模块。将上游西大河水库、皇城水库、西营水库、南营水库、杂木水库、黄羊水库、古浪水库、大靖水库合并概化为一个大型水库,即"八大河"水库。将分区内所覆盖的山丹县、肃南县和天祝县内的人类活动区域概化为山区居民地。山区居民地内的用水基本全部取自于地表径流,相较于地表水取用量,山区居民地的地下水开采量极低,因此不单独设置地下水模块。祁连山来水在经分区内山区居民地取用部分水量后,剩余水量与景电古浪调水一同汇入"八大河"水库。汇入的水量经该水库调蓄下泄至中游平原绿洲耗水区。

近年来为改善下游民勤盆地的生态环境,修建了西营河向民勤地区调水的输水渠道;同时,为保证金川峡水库来水,改造了东大河向金川峡水库专用输水渠。因此,"八大河"水库水量下泄至上游自然山地产水区与中游平原绿洲耗水区交界处的渠首断面时,将西营河与东大河调水水量直接汇至该区域下游的红崖山、金川峡水库出库断面;其余"八大河"水库下泄水量,经石羊河与金川河流入中游平原绿洲耗水区内。

(2)中游平原绿洲耗水区。将区域内所覆盖的人类活动较为集中的古浪县、凉州区和永昌县概化为一个灌区盆地,即古浪—武威—永昌盆地。流入中游平原绿洲耗水区的"八大河"水库下泄水量与该区域内地下含水层中的地下水,分别以地表、地下水的形式被古浪—武威—永昌盆地开发利用。剩余地表水量经石羊河、金川河河道汇入红崖山、金川峡水库。

将红崖山、金川峡水库概化为中游平原绿洲耗水区与下游荒漠平原需水区交界处的红崖山、金川峡水库出库断面。西营河向民勤的调水、东大河向金川的调水、景电二期延伸工程所引用于改善民勤生态的黄河水、引硫济金用于补充金川城镇及工业用水的黄河水与上游来水共同汇集到此断面,经水库调蓄出流进入下游荒漠平原需水区。

(3)下游荒漠平原需水区。将区域内所覆盖的人类活动较为集中的金川区、民勤县概化为金川—昌宁—民勤盆地。流入下游荒漠平原需水区的水量,一部分进入金川—昌宁—民勤盆地,与区域内的地下水一起作为盆地的供水水源,供给盆地内的"三生"用水;另一部分则由专门的输水渠道,输送至流域末端的青土湖,作为改善下游生态环境,维持青土湖绿洲生态的用水。

5.3.4　石羊河流域水文生态格局调控目标分析

根据 2020 年《石羊河流域水资源公报》,基于石羊河流域水系结构概化图,对现状 2020 年石羊河流域水资源供用及关键控制断面水量等情况进行了分析梳理。其中,考虑到包括污水处理回用和雨水利用在内的其他水源供水量占石羊河流域多年平均供水量的比例不到 1%,考虑将其合并到流域地表水源供水量中,结果如图 5.4 所示。

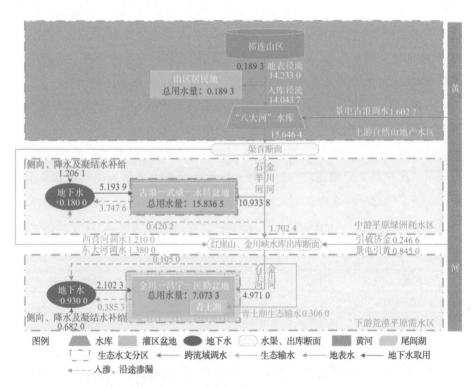

图 5.4　石羊河流域 2020 年水资源供用情况及关键控制断面水量(单位:亿 m³)

结合《石羊河流域重点治理规划》[110]中关于到 2020 年规划的部分社会经济发展指标及水资源开发利用相关治理目标,基于图 5.4 石羊河流域现状水资源供用情况,对当前流域的治理情况开展进一步分析,如表 5.1 所示。

表 5.1　石羊河流域 2020 年综合治理情况

指标	《石羊河流域重点治理规划》[110] 规划目标	现状实际情况
人口(万人)	237.67	184.11
牲畜[万(头)只]	385.91	707.83
农田灌溉面积(万亩)	310.59	460.12
地下水均衡状况(亿 m³)	+0.94	−0.75

综合图 5.4 与表 5.1 分析可知,截至 2020 年,流域人口总数接近规划标准,而牲畜数量与农田灌溉面积则均超出规划要求。规划中提出 2020 年流域地下水达到正均衡 0.94 亿 m³,而 2020 年流域地下水实际呈负均衡 0.75 亿 m³的状态。可见,石羊河流域当前生产用水与生态用水之间的矛盾仍较为突出,地下水超采情况依然存在。如若不对生产用水以及地下水开采的管理进一步加强、增加生态用水配额,可能会进一步加剧社会经济与生态环境之间的用水矛盾,造成地下水位逐渐下降,生态环境无法继续改善,甚至再度出现恶化。

结合石羊河流域水文生态分区,利用生态健康指数,进一步对 2020 现状年石羊河流域内不同水文生态分区的生态健康水平进行评估,结果如表 5.2 所示。结果表明,由于上游自然山地产水区位于上游山区,天然林草众多,因此生态健康状况在整个流域而言相对最好。虽然流域最主要的人类活动都主要集中在中游平原绿洲耗水区内,但由于该分区仍分布有大量的天然林草,所以该分区的生态健康水平虽稍差于上游自然山地产水区,但仍处在"较好"的水平。

表 5.2　2020 年石羊河流域各水文生态分区生态健康指数计算结果及生态健康水平

水文生态分区	EHI	生态健康水平
上游自然山地产水区	0.687 6	较好
中游平原绿洲耗水区	0.639 4	较好
下游荒漠平原需水区	0.404 8	一般

下游荒漠平原需水区总体上处在"一般"的生态健康水平,是石羊河流域所有 3 个水文生态分区中生态健康水平相对最差的,这也是造成流域整体生态健康水平较为一般的主要因素,是流域生态健康问题最为集中的区域。究其原因,主要是中游农耕等人类活动用水的增加导致下游可利用水量减少,分区内为维系社会经济的高速发展加剧了地下水的不合理开采,造成地下水位不断下降,致使许多靠吸收地下水维系其正常生长的植被数量不断减少、裸地大面积

分布,导致该分区生态健康水平较差。

　　综上,维系流域中下游地下水采补平衡,改善下游荒漠平原需水区的生态健康状况,是石羊河流域水文生态格局调控的主要目标,同时也是改善石羊河流域整体生态健康状况的关键所在。

5.4　面向石羊河流域生态健康的水文生态格局调控模型

　　基于当前流域所存在的水文生态问题,依据提出的面向流域生态健康的水文生态格局调控基本框架,考虑以石羊河流域表征生态格局组分的各用地类型面积为变量,利用定额指标法确定流域可供水资源量与各用地类型面积之间的联系;基于水量平衡原理,建立研究区各计算单元之间及其内部的水利关系,构建以水资源配置为内核的面向流域生态健康的石羊河流域水文生态格局调控模型。模型以生态价值和经济效益均达到最大为优化目标,通过多情境设置并借助第二代快速非支配排序遗传算法(NSGA - Ⅱ)进行多目标优化求解;结合流域生态健康评估,将解集中流域生态健康程度最优的解所对应的调控情境作为流域水文生态格局调控推荐方案,以期为实现石羊河流域水文生态格局的科学调控提供参考。

5.4.1　计算单元划分

　　基于概化后的石羊河流域水系结构,以流域内 3 个水文生态一级分区作为计算单元,构建水文生态格局调控模型并开展优化分析。各计算单元及其所涵盖的行政区划见表 5.3。

表 5.3　面向石羊河流域生态健康的水文生态格局调控模型计算单元划分

计算单元	行政区划	面积(km²)
上游自然山地产水区	山丹县、肃南县、天祝县	7 319.16
中游平原绿洲耗水区	永昌县、凉州区、古浪县	14 817.51
下游荒漠平原需水区	金川区、民勤县	17 355.33

5.4.2　模型构建

　　基于已划分的计算单元,以水量平衡原理为基础,建立计算单元间及其内部各用水户之间的水利关系，构建流域水文生态格局调控模型框架。

5.4.2.1 中游平原绿洲耗水区地表水可供水量

中游平原绿洲耗水区地表水可供水量为：

$$SWS(\text{Ⅱ}) = QLW - SWD(\text{Ⅰ}) + WJG - WXM - WDJ \qquad (5.1)$$

式中，$SWS(\text{Ⅱ})$ 表示中游平原绿洲耗水区地表水可供水量（亿 m^3）；QLW 表示祁连山地表径流（亿 m^3）；$SWD(\text{Ⅰ})$ 表示上游自然山地产水区山区居民地地表水总引水量（亿 m^3）；WJG 为景电古浪调入水量（亿 m^3）；WXM 为西营河向民勤调出水量（亿 m^3）；WDJ 为东大河向金川调出水量（亿 m^3）。

上游自然山地产水区山区居民地农田灌溉用水量为：

$$WCI(\text{Ⅰ}) = C(\text{Ⅰ}) \times \lambda_\text{Ⅰ} \times CIQ(\text{Ⅰ}) \qquad (5.2)$$

式中，$WCI(\text{Ⅰ})$、$C(\text{Ⅰ})$、$\lambda_\text{Ⅰ}$、$CIQ(\text{Ⅰ})$ 分别为上游自然山地产水区山区居民地农田灌溉用水量（亿 m^3）、耕地面积（km^2）、平均有效灌溉面积比例及平均农田灌溉定额（m^3/亩）。由于流域内并非所有耕地都接受灌溉补给，根据 2020 年《石羊河流域水资源公报》，$\lambda_\text{Ⅰ}$ 取值为 0.26。

上游自然山地产水区山区居民地地表水总引水量为：

$$SWD(\text{Ⅰ}) = WCI(\text{Ⅰ}) + WRU(\text{Ⅰ}) \qquad (5.3)$$

式中，$WRU(\text{Ⅰ})$ 表示上游自然山地产水区非灌溉用水量（亿 m^3），为工业用水 $WI(\text{Ⅰ})$、牲畜用水 $WLS(\text{Ⅰ})$、生活用水 $WPL(\text{Ⅰ})$ 之和。牲畜用水 $WLS(\text{Ⅰ})$ 作为固定量，取 2020 现状水平年流域内肃南县、天祝县及山丹县林牧渔畜用水量之和。

$$WRU(\text{Ⅰ}) = WI(\text{Ⅰ}) + WLS(\text{Ⅰ}) + WPL(\text{Ⅰ}) \qquad (5.4)$$

上游自然山地产水区山区居民地工业用水量为：

$$WI(\text{Ⅰ}) = WIQ(\text{Ⅰ}) \times IAV(\text{Ⅰ}) \times 10^{-4} \qquad (5.5)$$

式中，$WI(\text{Ⅰ})$、$WIQ(\text{Ⅰ})$、$IAV(\text{Ⅰ})$ 分别表示上游自然山地产水区内山区居民地工业用水量（亿 m^3）、平均单位工业增加值用水定额（m^3/万元）及水平年工业增加值（亿元）。

上游自然山地产水区山区居民地生活用水量为：

$$WPL（Ⅰ）＝WPLQ（Ⅰ）\times PQ（Ⅰ）\times 365\times 10^{-7} \qquad (5.6)$$

式中,$WPL（Ⅰ）$、$WPLQ（Ⅰ）$以及 $PQ(Ⅰ)$ 分别表示上游自然山地产水区内山区居民地生活用水量(亿 m³)、平均人均生活用水定额(L/(人·天))以及水平年人口数量(万人)。

5.4.2.2　中游平原绿洲耗水区地下水可供水量

根据水量平衡原理,中游平原绿洲耗水区地下水可供水量为:

$$GWS（Ⅱ）＝WNR（Ⅱ）＋WCIL（Ⅱ）＋WCL（Ⅱ）＋WRL（Ⅱ）－GWC（Ⅱ）$$
$$(5.7)$$

式中,$GWS（Ⅱ）$表示中游平原绿洲耗水区地下水可供水量(亿 m³);$WNR（Ⅱ）$表示中游平原绿洲耗水区侧向补给、降水及凝结水入渗量,即不重复地下水水资源量(亿 m³);$WCIL（Ⅱ）$为中游平原绿洲耗水区农田灌溉入渗量(亿 m³);$WCL（Ⅱ）$为中游平原绿洲耗水区渠系输水入渗量(亿 m³);$WRL（Ⅱ）$为中游平原绿洲耗水区河道渗漏补给量(亿 m³);$GWC（Ⅱ）$为中游平原绿洲耗水区地下水蓄变量(亿 m³)。

中游平原绿洲耗水区侧向补给、降水及凝结水入渗量取 2020 现状水平年数值 1.206 1亿 m³。鉴于石羊河流域存在地下水超采造成生态环境恶化的现象,对于中游平原绿洲耗水区与下游荒漠平原需水区地下水供给,设定维持现状水平年地下水开采量和维持地下水采补平衡的地下水供水条件。

中游平原绿洲耗水区农田灌溉入渗量为:

$$WCIL（Ⅱ）＝WCI（Ⅱ）\times（1-\eta）\times \mu \qquad (5.8)$$

式中,$WCI（Ⅱ）$为中游平原绿洲耗水区农田灌溉用水量(亿 m³);η 为流域平均灌溉水利用效率系数,根据 2020 年《石羊河流域水资源公报》,取值为 0.62;μ 为流域平均田间水渗漏补给系数,参考曲耀光等[233]的研究成果,取值为 0.20。

中游平原绿洲耗水区农田灌溉用水量为:

$$WCI（Ⅱ）＝C（Ⅱ）\times \lambda_Ⅱ \times CIQ（Ⅱ） \qquad (5.9)$$

式中,$C（Ⅱ）$、$\lambda_Ⅱ$、$CIQ（Ⅱ）$分别为中游平原绿洲耗水区耕地面积(km²)、平均有效灌溉面积比例及平均农田灌溉定额(m³/亩)。$\lambda_Ⅱ$根据 2020 年《石羊河流域水资源公报》,取值为 0.68。

中游平原绿洲耗水区渠系输水入渗量为:

$$WCL(II) = TWU(II) \times \varphi \tag{5.10}$$

式中,$WCL(II)$、$TWU(II)$以及 φ 分别表示中游平原绿洲耗水区内渠系输水入渗量(亿 m³)、总用水量(亿 m³)及渠系渗漏补给系数。φ 参考王晓玮等[234]的研究成果,取值为 0.18。

中游平原绿洲耗水区河道渗漏补给量为:

$$WRL(II) = (SWS(II) - SWD(II)) \times s \tag{5.11}$$

式中,$WRL(II)$、$SWD(II)$以及 s 分别表示中游平原绿洲耗水区内河道渗漏补给量(亿 m³)、地表水总引水量(亿 m³)及流域平均河道入渗率。参照粟晓玲[94]的研究,s 取值为 0.67。

中游平原绿洲耗水区地表水总引水量为:

$$SWD(II) = TWU(II) - GWA(II) \tag{5.12}$$

式中,$SWD(II)$、$TWU(II)$以及 $GWA(II)$分别为中游平原绿洲耗水区地表水总引水量(亿 m³)、总用水量(亿 m³)和地下水总开采量(亿 m³)。

中游平原绿洲耗水区总用水量为:

$$TWU(II) = WCI(II) + WRU(II) \tag{5.13}$$

式中,$WCI(II)$为中游平原绿洲耗水区农田灌溉用水量(亿 m³);$WRU(II)$表示中游平原绿洲耗水区非灌溉用水量(亿 m³),为工业用水 $WI(II)$、牲畜用水 $WLS(II)$、生活用水 $WPL(II)$、潜在新增林地生态需水 $WEF(II)$与潜在新增草地生态需水 $WEG(II)$之和。牲畜用水 $WLS(II)$作为固定量,取 2020 现状水平年流域内古浪县、凉州区及永昌县林牧渔畜用水量之和。

$$WRU(II) = WI(II) + WLS(II) + WPL(II) + WEF(II) + WEG(II) \tag{5.14}$$

中游平原绿洲耗水区工业用水量为:

$$WI(II) = WIQ(II) \times IAV(II) \times 10^{-4} \tag{5.15}$$

式中,$WI(Ⅱ)$、$WIQ(Ⅱ)$以及 $IAV(Ⅱ)$分别表示为中游平原绿洲耗水区内工业用水量(亿 m³)、平均单位工业增加值用水定额(m³/万元)以及水平年工业增加值(亿元)。

中游平原绿洲耗水区生活用水量为:

$$WPL(Ⅱ)=WPLQ(Ⅱ)\times PQ(Ⅱ)\times 365\times 10^{-7} \tag{5.16}$$

式中,$WPL(Ⅱ)$、$WPLQ(Ⅱ)$以及 $PQ(Ⅱ)$分别表示中游平原绿洲耗水区内生活用水量(亿 m³)、平均人均生活用水定额(L/(人·天))及水平年人口数量(万人)。

考虑到上游自然山地产水区中的林草地主要靠山区丰沛的降水维系生长,这部分水量基本不受人为干预影响,而中游平原绿洲耗水区与下游荒漠平原需水区的林草地则更易受人类活动取用水的影响;因此,为改善流域整体生态健康环境,设定在模型优化过程中,优化后中游平原绿洲耗水区与下游荒漠平原需水区相比于优化前可能节余出的部分水量,全部用于两计算单元内额外可能新增的林地和草地生态需水。

中游平原绿洲耗水区潜在新增林地生态需水量为:

$$WEF(Ⅱ)=WEFQ(Ⅱ)\times NF(Ⅱ) \tag{5.17}$$

式中,$WEFQ(Ⅱ)$、$NF(Ⅱ)$分别为中游平原绿洲耗水区天然林地适宜生态需水定额(mm)以及潜在新增林地面积(km²)。

中游平原绿洲耗水区潜在新增草地生态需水量为:

$$WEG(Ⅱ)=WEGQ(Ⅱ)\times NG(Ⅱ) \tag{5.18}$$

式中,$WEGQ(Ⅱ)$、$NG(Ⅱ)$分别为中游平原绿洲耗水区天然草地适宜生态需水定额(mm)以及潜在新增草地面积(km²)。

5.4.2.3　下游荒漠平原需水区地表水可供水量

下游荒漠平原需水区地表水可供水量为:

$$SWS(Ⅲ)=WRC(Ⅱ)+WXM+WDJ+WLJ+WHM \tag{5.19}$$

式中,$SWS(Ⅲ)$表示下游荒漠平原需水区地表水可供水量(亿 m³);$WRC(Ⅱ)$表示中游平原绿洲耗水区河道下泄水量(亿 m³);WXM 表示西营河向民勤调出水量(亿 m³);WDJ 为东大河向金川调出水量(亿 m³);WLJ 为引硫济金工程向金川调入水量(亿 m³);WHM 为景电引黄工程向民勤调入水量(亿 m³)。

中游平原绿洲耗水区河道下泄水量为:

$$WRC(\text{II}) = SWS(\text{II}) - SWD(\text{II}) - WRL(\text{II}) \quad (5.20)$$

式中,$SWS(\text{II})$、$SWD(\text{II})$、$WRL(\text{II})$分别表示中游平原绿洲耗水区地表水可供水量(亿 m³)、地表水总引水量(亿 m³)以及河道入渗量(亿 m³)。

下游荒漠平原需水区地表水可供水量在该区域内全部消耗殆尽,不存在单元间的水资源交换情况。

5.4.2.4 下游荒漠平原需水区地下水可供水量

根据水量平衡原理,下游荒漠平原需水区地下水可供水量为:

$$GWS(\text{III}) = WNR(\text{III}) + WCIL(\text{III}) + WCL(\text{III}) + WRL(\text{III}) - GWC(\text{III})$$
$$(5.21)$$

式中,$GWS(\text{III})$表示下游荒漠平原需水区地下水可供水量(亿 m³);$WNR(\text{III})$表示下游荒漠平原需水区侧向补给、降水及凝结水入渗量(亿 m³);$WCIL(\text{III})$为下游荒漠平原需水区农田灌溉入渗量(亿 m³);$WCL(\text{III})$为下游荒漠平原需水区渠系输水入渗量(亿 m³);$WRL(\text{III})$为下游荒漠平原需水区河道渗漏补给量(亿 m³);$GWC(\text{II})$为下游荒漠平原需水区地下水蓄变量(亿 m³)。

下游荒漠平原需水区侧向补给、降水及凝结水入渗量,取 2020 现状水平年数值 0.682 0 亿 m³。

下游荒漠平原需水区农田灌溉入渗量为:

$$WCIL(\text{III}) = WCI(\text{III}) \times (1 - \eta) \times \mu \quad (5.22)$$

式中,$WCI(\text{III})$为下游荒漠平原需水区农田灌溉用水量(亿 m³);η、μ 分别为流域平均灌溉水利用效率系数与田间水渗漏补给系数,具体取值同中游平原绿洲耗水区。

下游荒漠平原需水区农田灌溉用水量为:

$$WCI(\text{III}) = C(\text{III}) \times \lambda_{\text{III}} \times CIQ(\text{III}) \quad (5.23)$$

式中,$C(\text{Ⅲ})$、$\lambda_{\text{Ⅲ}}$、$CIQ(\text{Ⅲ})$分别为下游荒漠平原需水区耕地面积(km^2)、平均有效灌溉面积比例及平均农田灌溉定额$(\text{m}^3/\text{亩})$。根据 2020 年《石羊河流域水资源公报》,$\lambda_{\text{Ⅲ}}$取值为 0.47。

下游荒漠平原需水区渠系输水入渗量为:

$$WCL(\text{Ⅲ}) = TWU(\text{Ⅲ}) \times \varphi \tag{5.24}$$

式中,$WCL(\text{Ⅲ})$、$TWU(\text{Ⅲ})$以及φ分别表示为下游荒漠平原需水区渠系输水入渗量(亿 m^3)、总用水量(亿 m^3)及渠系渗漏补给系数。φ同中游平原绿洲耗水区取值。

下游荒漠平原需水区河道渗漏补给量为:

$$WRL(\text{Ⅲ}) = (SWS(\text{Ⅲ}) - SWD(\text{Ⅲ}) - WQT) \times s \tag{5.25}$$

式中,$WRL(\text{Ⅲ})$、$SWD(\text{Ⅲ})$、WQT、s分别为下游荒漠平原需水区河道渗漏补给量(亿 m^3)、地表水总引水量(亿 m^3)、青土湖绿洲生态输水量(亿 m^3)及流域平均河道入渗率。根据不同情境,青土湖生态输水量WQT分别取 2020 现状水平年 0.31 亿 m^3 及第 4 章优化后的青土湖适宜生态输水目标值 0.45 亿 m^3;s取值同中游平原绿洲耗水区。

下游荒漠平原需水区地表水总引水量为:

$$SWD(\text{Ⅲ}) = TWU(\text{Ⅲ}) - GWA(\text{Ⅲ}) \tag{5.26}$$

式中,$SWD(\text{Ⅲ})$、$TWU(\text{Ⅲ})$以及$GWA(\text{Ⅲ})$分别为下游荒漠平原需水区地表水总引水量(亿 m^3)、总用水量(亿 m^3)与地下水总开采量(亿 m^3)。

下游荒漠平原需水区总用水量为:

$$TWU(\text{Ⅲ}) = WCI(\text{Ⅲ}) + WRU(\text{Ⅲ}) \tag{5.27}$$

式中,$WCI(\text{Ⅲ})$为下游荒漠平原需水区农田灌溉用水量(亿 m^3);$WRU(\text{Ⅲ})$表示下游荒漠平原需水区非灌溉用水量(亿 m^3),为工业用水$WI(\text{Ⅲ})$、牲畜用水$WLS(\text{Ⅲ})$、生活用水$WPL(\text{Ⅲ})$、潜在新增林地生态需水$WEF(\text{Ⅲ})$与潜在新增草地生态需水$WEG(\text{Ⅲ})$之和。牲畜用水$WLS(\text{Ⅲ})$作为固定量,取 2020 现状水平年流域内金川区与民勤县林牧渔畜用水量之和。

$$WRU(\text{Ⅲ}) = WI(\text{Ⅲ}) + WLS(\text{Ⅲ}) + WPL(\text{Ⅲ}) + WEF(\text{Ⅲ}) + WEG(\text{Ⅲ}) \tag{5.28}$$

下游荒漠平原需水区工业用水量为：

$$WI(Ⅲ) = WIQ(Ⅲ) \times IAV(Ⅲ) \times 10^{-4} \tag{5.29}$$

式中，$WI(Ⅲ)$、$WIQ(Ⅲ)$以及$IAV(Ⅲ)$分别表示下游荒漠平原需水区工业用水量（亿 m^3）、平均单位工业增加值用水定额（m^3/万元）以及水平年工业增加值（万元）。

下游荒漠平原需水区生活用水量为：

$$WPL(Ⅲ) = WPLQ(Ⅲ) \times PQ(Ⅲ) \times 365 \times 10^{-7} \tag{5.30}$$

式中，$WPL(Ⅲ)$、$WPLQ(Ⅲ)$以及$PQ(Ⅲ)$分别表示下游荒漠平原需水区生活用水量（亿 m^3）、平均人均生活用水定额（L/（人·天））及水平年人口数量（万人）。

下游荒漠平原需水区潜在新增林地生态需水量为：

$$WEF(Ⅲ) = WEFQ(Ⅲ) \times NF(Ⅲ) \tag{5.31}$$

式中，$WEFQ(Ⅲ)$、$NF(Ⅲ)$分别为下游荒漠平原需水区天然林地适宜生态需水定额（mm）以及潜在新增林地面积（km^2）。

下游荒漠平原需水区潜在新增草地生态需水量为：

$$WEG(Ⅲ) = WEGQ(Ⅲ) \times NG(Ⅲ) \tag{5.32}$$

式中，$WEGQ(Ⅲ)$、$NG(Ⅲ)$分别为下游荒漠平原需水区天然草地适宜生态需水定额（mm）以及潜在新增草地面积（km^2）。

5.4.3 目标函数

考虑到流域水文生态格局调控模型是以表征流域生态格局组分的各用地类型面积为变量，结合定额指标法以水量平衡为基础进行构建，确定了以各用地类型面积为基础的流域水文生态格局调控目标，包括生态目标和经济目标。

5.4.3.1 生态目标

生态目标体现了水文生态格局调控的生态优先和整体性原则。考虑将研究区林草地的静态生态价值作为生态目标的具体指标,以林草地静态生态价值最大作为研究区水文生态格局调控追求的生态目标。该目标函数可具体表示为:

$$\max V = \left[\sum_i (F_i \times v_F + G_i \times v_G)\right] \times 10^{-4} \tag{5.33}$$

式中,V 为研究区林草地总静态生态价值(亿元);i 为计算单元;F_i、G_i 分别为 i 计算单元内的林地、草地面积(km^2);v_F、v_G 则分别为石羊河流域林地和草地的单位生态价值(万元/km^2)。石羊河流域林地和草地的单位生态价值参考金淑婷等人[235]对石羊河流域各类土地利用类型的单位生态价值研究结果,分别取 206.23 万元/km^2、86.72 万元/km^2。

5.4.3.2　经济目标

经济目标体现了水文生态格局调控的以人为本原则。石羊河流域经济主要由农业产出和工业产出两大部分组成,而农业产出则主要由农作物种植和畜牧养殖两部分构成。其中,农作物种植产出是石羊河流域经济收入的最主要来源,同时也是流域经济用水中占比最高的部分。因此,考虑将流域粮食产出量最大作为石羊河流域水文生态格局调控的经济目标。该目标函数可具体表示为:

$$\max L = \left(l \times \sum_i C_i\right) \times 10^{-4} \tag{5.34}$$

式中,L 为流域粮食总产量(万 t);i 为计算单元;C_i 为 i 计算单元内的耕地面积(km^2);l 为粮食单位面积产量(t/km^2),参考 2020 年《石羊河流域水资源公报》,l 取 270.29 t/km^2。

5.4.4　约束条件

5.4.4.1　耕地面积约束

农业种植是区域粮食安全的重要保障,不能一味地为保护区域生态环境的健康而无限制地退耕,进而导致流域出现严重的粮食危机。考虑到石羊河流域耕地基本都集中分布在金昌市和武威市辖区,将两市基于现期和远期规划中的永久基本农田面积作为石羊河流域耕地面积的最低限值,即耕地面积压减后不能低于石羊河流域永久基本农田保护总面积,表达式为:

$$\sum_i C_i \geqslant C_B \tag{5.35}$$

式中,C_i 为 i 计算单元耕地面积(km^2);i 为计算单元;C_B 为石羊河流域永久基本农田保护总面积(km^2);根据金昌、武威两市的相关统计规划,石羊河流域永久基本农田保护总面积取 4 121.73km^2。

5.4.4.2 林地面积约束

《石羊河流域重点治理规划》[110] 中要求石羊河流域林地面积的比例不得低于农田灌溉面积的 12%~15%。由于石羊河流域上游山区林地主要依靠天然降水维系生长,这部分水量难以进行人为干预调控。因此,将规划中林地面积占农田灌溉面积的比例,作为流域中游平原绿洲耗水区与下游荒漠平原需水区的林地面积约束条件,要求流域中下游的林地面积不得低于其区域内农田灌溉面积的 15%,表达式为:

$$\sum_i F_i \geqslant 0.15 \times \sum_i C_i \times \lambda_i \tag{5.36}$$

式中,F_i 为 i 计算单元内的林地面积(km^2);0.15 为林地占农田灌溉面积的比例系数;C_i 为 i 计算单元内的耕地面积(km^2);λ_i 为 i 计算单元内的耕地有效灌溉面积比例;i 为计算单元。

5.4.4.3 总用地面积约束

要求优化调控后各计算单元内的各用地类型面积之和不超过各计算单元的总面积,表达式为:

$$\sum_i LU_i \leqslant A_{iT} \tag{5.37}$$

式中,LU_i 表示 i 计算单元内不同用地类型的面积(km^2);A_{iT} 表示 i 计算单元总面积(km^2);i 为计算单元。

5.4.4.4　生态健康指数约束

流域水文生态格局调控的目标是使流域生态健康水平有所改善,达到相对较好的程度,并且避免调控后导致生态恶化。因此,需对石羊河流域调控后的生态健康水平进行约束。要求优化调控后各计算单元的生态健康指数不得低于现状或规定的生态健康指数阈值,具体表示为:

$$EHI_{iR} \geqslant EHI_{iC} \tag{5.38}$$

$$或\ EHI_{iR} \geqslant EHI_{iT} \tag{5.39}$$

式中,EHI_{iR} 为 i 计算单元优化调控后生态健康指数;EHI_{iC}、EHI_{iT} 分别为 i 计算单元现状生态健康指数和规定的生态健康指数阈值;i 为计算单元。

考虑到石羊河流域不同计算单元具有各自独特的水文生态功能,对其生态保护的要求也会有所差异;并且石羊河流域总体上水量稀缺,一个计算单元用水量的增加势必会导致其他计算单元可用水量的减少。因此,综合考量上游自然山地产水区作为流域极为重要的水源涵养功能区,规定调控后其生态健康指数不得低于 2020 现状水平年生态健康指数,不得出现生态倒退的现象;下游荒漠平原需水区由于生态环境本底较差,要彻底改善其生态环境并达到一个较高的生态健康水平难度较大,所以同样规定调控后其生态健康指数不得低于 2020 现状水平年生态健康指数;中游平原绿洲耗水区承担着流域主要的社会经济发展,可考虑适当地为未来的发展放宽生态健康约束,规定调控后其生态健康指数不得低于所设定的"较好"生态健康水平阈值下限($EHI=0.600\ 0$)。上游自然山地产水区、中游平原绿洲耗水区和下游荒漠平原需水区 3 个计算单元的生态健康指数约束分别取 0.687 6、0.600 0 和 0.404 8。

5.4.4.5　可供水资源量约束

石羊河流域总用水量不超过流域可供水资源总量,各计算单元的用水量不超过该计算单元可供水资源量,具体表示为:

$$\sum_i \sum_j W_{ij} < W_A + W_T \tag{5.40}$$

$$\sum_j W_{ij} < W_{iA} + W_{iT} \tag{5.41}$$

式中,W_A 为石羊河流域可供水资源量(亿 m³);W_T 为跨流域调入水量(亿

m³);W_{iA} 表示 i 计算单元的可供水资源量(亿 m³);W_{iT} 表示 i 计算单元的跨流域调入水量(亿 m³);i 为计算单元;j 为计算单元内的用水户。

5.4.4.6　非负约束

面向石羊河流域生态健康的水文生态格局调控模型中所涉及的水量、用地面积等各变量均不为负数。

5.4.5　模型基础参数确定

模型的基础参数主要包括石羊河流域各计算单元不同用水类型的用水定额、现状用地面积、现状生态健康程度及相关其他参数。以石羊河流域平水年2020年作为现状水平年,采用 2020 年石羊河流域的各项水文与生态数据,用于确定石羊河流域水文生态调控模型基础参数。

5.4.5.1　农田灌溉定额 WCIQ

基于模型不同调控情境设置,将石羊河流域不同计算单元内农业用水户的农田灌溉定额,分为现状水平年农田灌溉定额和规划水平年农田灌溉定额。根据不同的情境设置,采用相应的农田灌溉定额进行模拟优化。

（1）现状水平年农田灌溉定额

由于农田中种植的农作物种类繁多,不同种类的农作物对于生长所需的灌溉水量是不同的。因此,为更贴近实际情况,石羊河流域现状水平年农田灌溉定额按不同计算单元分别核定。

现状水平年农田灌溉定额计算公式如下:

$$WCIQ_i = \sum_{j=1}^{n} p_{ij} \times WCIQ_{ij} \tag{5.42}$$

式中,$WCIQ_i$ 为 i 计算单元的现状水平年农田灌溉定额(m³/亩);j 为农作物种类;n 为农作物种类总数;p_{ij} 为 i 计算单元内第 j 种农作物占其单元内总农作物种植面积的比例;$WCIQ_{ij}$ 为 i 计算单元内第 j 种农作物在一定灌溉方式配比下的综合灌溉定额(m³/亩)。

基于式(5.42),根据 2021 年《甘肃发展年鉴》,利用石羊河流域不同计算单元 2020 现状水平年各农作物种植面积数据,核定流域不同计算单元各农作物的种植比例。石羊河流域不同计算单元 2020 年各农作物种植比例如表 5.4 所示。

表 5.4　石羊河流域不同计算单元 2020 年各农作物种植比例　　(单位:%)

计算单元	计算单元涉及地县	粮食作物			油料蔬菜	蔬菜	中药材	果园	其他作物
		小麦	玉米	薯类					
上游自然山地产水区	肃南县	1.29	2.53	0.27	0.02	0.38	0.33	0.01	10.80
	山丹县	14.31	1.01	7.83	4.03	1.32	3.13	0.58	18.30
	天祝县	1.34	0.01	2.22	2.45	8.13	3.65	0.12	15.94
中游平原绿洲耗水区	永昌县	9.31	5.79	3.04	0.96	3.90	0.23	0.22	6.86
	凉州区	6.89	20.38	1.95	0.21	10.34	0.69	2.71	3.54
	古浪县	4.97	7.84	1.04	0.47	2.01	1.55	1.52	3.60
下游荒漠平原需水区	金川区	2.99	13.55	0.10	0.82	6.16	0.17	0.88	0.41
	民勤县	7.53	22.15	1.66	7.49	9.73	2.84	7.61	15.90

基于石羊河流域现状水平年种植结构,根据甘肃省地方标准《行业用水定额 第 1 部分 农业用水定额》(DB 62/T 2987.1—2019)关于甘肃省不同片区农业用水定额的规定(表 5.5、表 5.6),参考《石羊河流域重点治理规划》[110]中对到 2020 年流域不同灌溉方式需达到的比例目标,设定石羊河流域不同农作物各种灌溉方式所占的比例,得到流域不同计算单元的现状水平年农田灌溉定额,见表 5.7。

表 5.5　基于不同灌溉方式配比的天祝县各农作物灌溉定额

作物种类	灌溉方式	灌溉定额(m³/亩)	比例(%)	综合灌溉定额(m³/亩)
小麦	畦灌	270	50	264
	喷灌	90	10	
	块灌	300	40	
玉米	畦灌	440	50	285
	块灌	460	50	
薯类	畦灌	230	50	215
	沟灌	200	50	

作物种类	灌溉方式	灌溉定额(m³/亩)	比例(%)	综合灌溉定额(m³/亩)
油料	畦灌	320	50	335
	块灌	350	50	
蔬菜	畦灌	360	40	355
	沟灌	330	30	
	块灌	400	20	
	日光温室滴灌	320	10	
中药材	沟灌	270	100	270
果园	喷灌	180	10	190
	滴灌	120	10	
	块灌	200	80	
其他作物	—	200	100	200

表5.6 基于不同灌溉方式配比的石羊河流域其余各县区农作物灌溉定额

作物种类	灌溉方式	灌溉定额(m³/亩)	比例(%)	综合灌溉定额(m³/亩)
小麦	畦灌	350	50	357
	喷灌	300	10	
	块灌	380	40	
玉米	畦灌	440	30	409
	沟灌	400	30	
	管灌	350	10	
	大田滴灌	300	10	
	块灌	460	20	
薯类	沟灌	260	100	260
油料	畦灌	320	50	335
	块灌	350	50	
蔬菜	畦灌	430	40	429
	沟灌	410	30	
	块灌	510	20	
	日光温室滴灌	320	10	
中药材	沟灌	330	70	321
	管灌	300	30	

作物种类	灌溉方式	灌溉定额(m³/亩)	比例(%)	综合灌溉定额(m³/亩)
果园	块灌	220	100	220
其他作物	—	320	100	320

表 5.7　石羊河流域 2020 现状水平年各计算单元农田灌溉定额

计算单元	核定项	粮食作物			油料	蔬菜	中药材	果园	其他作物
		小麦	玉米	薯类					
上游自然山地产水区	种植比例(%)	16.94	3.55	10.33	6.50	9.82	7.11	0.70	45.05
	作物综合灌溉定额(m³/亩)	349.65	408.51	250.31	335.00	367.79	294.83	215.03	277.53
	现状水平年农田灌溉定额(m³/亩)	304.98							
中游平原绿洲耗水区	种植比例(%)	21.17	34.00	6.02	1.64	16.25	2.47	4.45	14.00
	作物综合灌溉定额(m³/亩)	357.00	409.00	260.00	335.00	429.00	321.00	220.00	320.00
	现状水平年农田灌溉定额(m³/亩)	368.01							
下游荒漠平原需水区	种植比例(%)	10.52	35.70	1.76	8.32	15.89	3.01	8.49	16.32
	作物综合灌溉定额(m³/亩)	357.00	409.00	260.00	335.00	429.00	321.00	220.00	320.00
	现状水平年农田灌溉定额(m³/亩)	364.72							

甘肃省地方标准《行业用水定额 第 1 部分 农业用水定额》(DB 62/T 2987.1—2019)中指出,武威市天祝县属于陇中片区,其余地区均属河西片区,不同片区农田灌溉定额有所差异。在核定上游自然山地产水区农田灌溉定额时,天祝县采用地方标准中的陇中片区灌溉定额计算(表 5.5),其他地区则采用标准中的河西片区灌溉定额计算(表 5.6)。考虑到 2020 现状水平年属平水年,核定农田灌溉定额时,参照标准中平水年($P=50\%$)来水条件下的作物灌溉定额。

(2)规划水平年农田灌溉定额

根据《石羊河流域重点治理规划》[110],到 2020 年全流域综合农田灌溉定额需降至 290 m³/亩。在现行行业用水标准及流域节水灌溉应用程度下,石羊河流域各计算单元的农田灌溉定额与规划中提出的目标仍存在较大差距。因此,将石羊河流域规划水平年农田灌溉定额统一设定为 290 m^3/亩。受数据资料限制,不对各分区灌溉定额进行单独设置。

5.4.5.2 单位工业增加值用水定额 WIQ

对于现状和规划水平年的单位工业增加值用水定额,统一采用现状水平年用水定额数值。根据 2020 年《石羊河流域水资源公报》,基于不同计算单元涉及的行政区划,梳理石羊河流域 2020 现状水平年不同计算单元的工业增加值及工业用水量数据,核定各计算单元的单位工业增加值用水定额,结果如表 5.8 所示。

表 5.8 石羊河流域各计算单元 2020 年工业增加值、用水量及单位工业增加值用水定额

计算单元	工业增加值 (亿元)	工业用水量 (亿 m^3)	单位工业增加值用水定额 (m^3/万元)
上游自然山地产水区	2.10	0.010 5	50.00
中游平原绿洲耗水区	65.19	0.216 0	33.13
下游荒漠平原需水区	188.85	0.444 8	23.55

5.4.5.3 人均生活用水定额 WPLQ

同前节单位工业增加值用水定额,对于现状和规划水平年的人均生活用水定额,统一采用现状水平年用水定额数值。依据 2020 年《石羊河流域水资源公报》,基于不同计算单元涉及的行政区划,通过整理石羊河流域 2020 现状水平年各不同计算单元的生活用水量及人口数据,对各计算单元的人均生活用水定额进行核算,结果如表 5.9 所示。

表 5.9 石羊河流域各计算单元 2020 年人口、生活用水总量及人均生活用水定额

计算单元	人口 (万人)	生活用水量 (亿 m^3)	人均生活用水定额 (L/(人·天))
上游自然山地产水区	6.72	0.017 7	72.16
中游平原绿洲耗水区	130.89	0.520 0	108.84
下游荒漠平原需水区	43.89	0.184 2	114.98

5.4.5.4 天然林地适宜生态需水定额 WEFQ

对于石羊河流域天然林地适宜生态需水定额的核定,主要针对中游平原绿

洲耗水区和下游荒漠平原需水区两个计算单元。

马心依等[236]在其研究中,对黑河流域中游各种天然植被生长期的蒸散发量开展了分析,并提出相应不同植被生长期的生态耗水量。由于黑河流域毗邻石羊河流域,两流域同处河西走廊地区,并且黑河流域中游的气候条件与石羊河流域中游较为接近。因此,依据马心依等[236]研究成果中的黑河中游乔木林生长期蒸散发量作为中游平原绿洲耗水区天然林地适宜生态需水定额。

下游荒漠平原需水区的天然林地适宜生态需水定额,则参考郝博等人[237]对流域内民勤县平水年乔木林的生态需水定额估算结果。石羊河流域不同计算单元天然林地适宜生态需水定额取值见表 5.10。

表 5.10　石羊河流域不同计算单元天然林地适宜生态需水定额

计算单元	天然林地适宜生态需水定额(mm)
中游平原绿洲耗水区	343.90
下游荒漠平原需水区	364.31

5.4.5.5　天然草地适宜生态需水定额 WEGQ

对石羊河流域天然草地适宜生态需水定额的核定,同样针对中游平原绿洲耗水区和下游荒漠平原需水区两个计算单元。

对于中游平原绿洲耗水区,参照马心依等[236]对于黑河流域中游不同植被生长期的生态耗水量的相关研究,对其成果中不同盖度草地的生态需水定额进行加权求和,得到中游平原绿洲耗水区的天然草地适宜生态需水定额。

对于下游荒漠平原需水区,根据郝博等[237]的研究成果,将平水年中盖度草地的生态需水定额作为参考值。石羊河流域不同计算单元天然草地适宜生态需水定额取值见表 5.11。

表 5.11　石羊河流域不同计算单元天然草地适宜生态需水定额

计算单元	天然草地适宜生态需水定额(mm)
中游平原绿洲耗水区	214.78
下游荒漠平原需水区	220.98

5.4.5.6 现状年各计算单元不同用地类型面积及生态健康指数

现状年石羊河流域各计算单元不同用地类型面积及生态健康指数如表5.12所示。

表 5.12 石羊河流域 2020 现状水平年各计算单元用地面积及生态健康指数

计算单元	各计算单元 2020 现状水平年用地面积（km²）							生态健康指数	流域生态健康指数
	耕地	林地	草地	居民地	裸地	其他	合计		
上游自然山地产水区	875.97	1 514.61	4 909.50	0.18	0	18.90	7 319.16	0.687 6	
中游平原绿洲耗水区	3 222.54	327.06	11 054.25	72.81	132.57	8.28	14 817.51	0.639 4	0.577 3
下游荒漠平原需水区	995.40	33.30	7 451.01	59.49	8 800.83	15.30	17 355.33	0.404 8	

5.4.5.7 模型其他参数

模型其他主要参数取值及依据汇总见表5.13。

表 5.13 模型其他主要基础参数取值及依据

主要参数		取值	依据
有效灌溉面积比例 λ	上游自然山地产水区	0.26	2020 年《石羊河流域水资源公报》
	中游平原绿洲耗水区	0.68	
	下游荒漠平原需水区	0.47	
田间水渗漏补给系数 μ		0.20	《西北干旱区水资源转化与开发利用模型》[233]
流域基本农田保护面积 C_B（km²）		4 121.73	《武威市国民经济和社会发展第十四个五年规划和二〇三五年远景目标纲要》《永昌县乡村振兴战略实施规划(2018—2022 年)》《金昌市自然资源局金川分局 2020 年工作总结和 2021 年工作计划》
灌溉水利用效率 η	现状水平年	0.62	2020 年《石羊河流域水资源公报》
	规划水平年	0.65	《甘肃省"十四五"水利发展规划》
渠系渗漏补给系数 φ		0.18	《西北地区地下水水量-水位双控指标确定研究——以民勤盆地为例》[234]

续表

主要参数		取值	依据
河道入渗率 s		0.67	《石羊河流域面向生态的水资源 合理配置理论与模型研究》[94]
粮食单位面积产量 y(吨/km²)		270.29	2020 年《石羊河流域水资源公报》
林地单位生态价值 v_F (万元/km²)		206.23	《内陆河流域生态补偿标准问题研究—— 以石羊河流域为例》[235]
草地单位生态价值 v_G (万元/km²)		86.72	
引硫济金调 水量 WLJ (亿 m³)	现状水平年	0.244 6	2020 年《石羊河流域水资源公报》、 《石羊河流域重点治理规划》[110]
	规划水平年	0.40	
青土湖生态 输水量 WQT (亿 m³)	现状水平年	0.306 0	2020 年《石羊河流域水资源公报》、 本书第 4 章青土湖优化后生态输水量
	规划水平年	0.45	

5.4.6　模拟优化调控情境设置

为改善石羊河流域生态健康状况,保障石羊河流域社会、经济平稳发展,综合考虑石羊河流域现状条件下的工程与非工程措施实施情况,结合已有的相关指导性规划,在节约用水、提高用水效率的总方针下,考虑如下流域水文生态格局调控手段:

(1)在跨流域调水方面,利用引硫济金工程,分别考虑维持现状水平年调水量,以及在工程和水文条件允许的情况下,在规划水平年将调水量提高至工程设计最大调水量。

(2)在节水方面,提高灌溉水利用系数、降低农田灌溉定额。对于灌溉水利用系数,分别考虑维持现状水平年数值以及在规划水平年进一步提高利用系数。对于农田灌溉定额主要考虑两种方案,一是维持现状水平年现行行业标准下的灌溉定额,二是规划水平年参照《石羊河流域重点治理规划》设置灌溉定额。

(3)在生态环境保护方面,进一步提高青土湖年生态输水总量、调节地下水开采规模并控制超采行为等。对于青土湖生态输水工程,分别考虑输水量维持现状水平年调水量,以及在规划水平年将调水量上调至优化后的适宜输水量。结合流域水资源利用率高、水量稀缺的特点,分别针对中游平原绿洲耗水区和下游荒漠平原需水区,考虑维持现状水平年地下水开采量以及地下水达到采补平衡的状态。

为充分探究通过优化调控,石羊河流域生态健康状况在不同社会经济发展规模下可改善的程度,针对流域人口和工业增加值主要考虑两种情况,分别是保持现状流域人口和工业增加值,以及未来到 2030 年流域人口和工业增加值可能达到的预期值。人口预测数据主要参考《甘肃省城镇体系规划(2013—2030 年)》;工业增加值数据主要参考《金昌市国民经济和社会发展第十四个五年规划和二〇三五年远景目标纲要》和《武威市国民经济和社会发展第十四个五年规划和二〇三五年远景目标纲要》。

通过对上述各项流域水文生态格局调控措施以及社会经济发展规模进行组合,设置模型优化调控情境。鉴于数据资料的可获得性,优化调控情境均针对 2020 现状平水年来水条件进行设置。共设置 6 种优化调控情境,如表 5.14 所示。在所有模拟情境中,情境 4 在现状流域社会经济发展规模下,将其他流域节水调水参数、生态保护力度设置为最优,其设计目的是为探究在仅考虑当前流域社会经济发展用水规模的前提下,假使各项工程与非工程措施达到规划最优,并规定中游、下游地下水达到采补平衡,流域生态环境健康程度最大可提升至何种水平。

表 5.14   石羊河流域水文生态格局优化调控情境

情境	引硫济金调水量（亿 m³）	灌溉水利用系数	青土湖生态输水量（亿 m³）	人口（万人）	工业增加值（亿元）	农田灌溉定额（m³/亩）	地下水供水条件
1							中游平原绿洲耗水区、下游荒漠平原需水区地下水开采量均维持现状
2	0.244 6	0.62	0.306 0	181.50	256.14	上游自然山地产水区:304.98 中游平原绿洲耗水:368.01 下游荒漠平原需水:364.72	中游平原绿洲耗水区地下水开采维持现状、下游荒漠平原需水区地下水达到采补平衡
3							中游平原绿洲耗水区、下游荒漠平原需水区地下水均达到采补平衡

续表

情境	引硫济金调水量（亿 m³）	灌溉水利用系数	青土湖生态输水量（亿 m³）	人口（万人）	工业增加值（亿元）	农田灌溉定额（m³/亩）	地下水供水条件
4				181.50	256.14	290	
5	0.40	0.65	0.45	249.40	664.36	上游自然山地产水区：304.98 中游平原绿洲耗水区：368.01 下游荒漠平原需水区：364.72	中游平原绿洲耗水区、下游荒漠平原需水区地下水均达到采补平衡
6						290	

5.4.7　优化求解方法

基于模型所设定的目标函数,需同时满足生态保护目标及经济效益,属多准则决策问题。从生态保护的角度出发,要求流域整体上生态环境尽可能处于良好的状态,林草地面积尽可能大,所带来的生态价值尽可能高;从经济效益的角度出发,要求流域耕地面积尽可能大,整体粮食产量及所带来的经济价值尽可能高。二者是相互竞争、相互矛盾的目标。

针对多目标、多变量及多约束条件的线性优化问题,目前求解方法主要有两种:一是将多目标优化问题转为单目标优化问题求解,以整体效益最优或是以特定目标最优为目标函数,其他目标作为约束条件;二是利用启发式算法求得 Pareto 解集,来反映不同目标下最优方案的非劣解集[238]。选取第二代快速非支配排序遗传算法(Non-dominated Sorting Genetic Algorithm - Ⅱ, NSGA - Ⅱ),用作流域水文生态格局调控的多目标求解方法。NSGA - Ⅱ算法作为 Deb 等人[239]提出的改进型多目标进化算法,采用了快速非支配排序算法,并通过引入拥挤度和拥挤度比较算子、精英策略,降低了非劣排序遗传算法的计算复杂度,使 Pareto 最优解前沿的个体能均匀地扩展到整个 Pareto 域,最大程度保证了种群的多样性,提高了算法的运行速度和鲁棒性[240,241]。

流域水文生态格局调控模型在求解过程中,先对各目标函数进行归一化处理,表达式为:

$$NV_K = \frac{V_K - V_{min}}{V_{max} - V_{min}} \tag{5.43}$$

$$NL_K = \frac{L_K - L_{\min}}{L_{\max} - L_{\min}} \tag{5.44}$$

式中,NV_K、NL_K 分别为 K 情境下的归一化林草地静态生态价值与归一化粮食总产量;V_K、L_K 分别为 K 情境下的流域林草地静态生态价值(亿元)与粮食总产量(万吨);$V_{\max}$、$V_{\min}$、$L_{\max}$、$L_{\min}$ 分别表示流域林草地静态生态价值和粮食总产量的理论最大值与最小值。

利用 NSGA-Ⅱ算法,对不同情境下归一化后的目标函数值进行优化求解,得到归一化生态价值与归一化粮食产量的 Pareto 前沿解,每个 Pareto 前沿解均对应一种流域水文生态格局;采用生态健康指数对解集进行优选,通过计算每个 Pareto 前沿解所对应的流域水文生态格局的生态健康指数,将解集中生态健康指数最大所对应的解,作为该情境下面向流域生态健康的水文生态格局调控最优解,得到相应的调控策略方案;再通过不同情境之间的比较,提出面向流域生态健康的水文生态格局调控推荐方案。

5.5　面向石羊河流域生态健康的水文生态格局调控分析结果

运用多目标遗传算法 NSGA-Ⅱ对石羊河流域不同情境下的归一化生态价值与归一化粮食产量进行优化。统一设置 NSGA-Ⅱ优化算法中的控制参数,将种群规模设置为 500、迭代次数设置为 1 000。经优化运算后,得到不同情境下归一化生态价值与归一化粮食产量的 Pareto 前沿解,如图 5.5 所示。从图 5.5 可直观地看出,生态价值与粮食产量两个目标函数是相互竞争的,随着生态价值的不断增大,粮食产量逐渐降低,反之亦然。

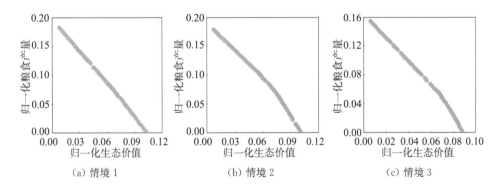

(a) 情境 1　　　　　　(b) 情境 2　　　　　　(c) 情境 3

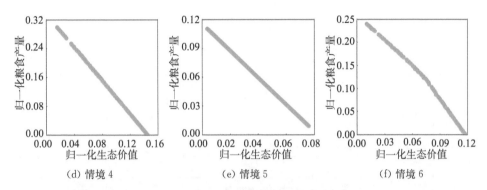

(d) 情境 4　　　　　　(e) 情境 5　　　　　　(f) 情境 6

图 5.5　石羊河流域水文生态格局调控模型在不同情境下的 Pareto 前沿解

针对不同情境下石羊河流域水文生态格局调控模型的 Pareto 前沿解,优选出各情境下生态健康指数最大的解,将其作为不同情境下面向石羊河流域生态健康的水文生态格局调控的最优解。经优选,不同情境下面向流域生态健康的石羊河流域水文生态格局调控结果及其所对应的目标函数值和生态健康指数值分别如表 5.15、表 5.16 所示。

表 5.15　不同情境下面向流域生态健康的石羊河流域水文生态格局调控结果

情境 1								
计算单元	各计算单元不同用地类型面积(km^2)						地下水开采量($亿 m^3$)	地下水蓄变量($亿 m^3$)
	耕地	林地	草地	居民地	裸地	其他		
上游自然山地产水区	0.11	1 514.61	5 785.36	0.18	0.00	18.90	—	—
中游平原绿洲耗水区	3 339.89	342.21	11 054.32	72.81	0.00	8.28	5.193 9	−0.564 8
下游荒漠平原需水区	781.73	1 053.55	7 451.02	59.49	7 994.24	15.30	2.102 3	−0.092 0
合计	4 121.73	2 910.37	24 290.70	132.48	7 994.24	42.48		

情境 2								
计算单元	各计算单元不同用地类型面积(km^2)						地下水开采量($亿 m^3$)	地下水蓄变量($亿 m^3$)
	耕地	林地	草地	居民地	裸地	其他		
上游自然山地产水区	0.00	1 514.61	5 785.47	0.18	0.00	18.90	—	—
中游平原绿洲耗水区	3 341.35	340.82	11 054.25	72.81	0.00	8.28	5.193 9	−0.566 5

续表

情境 2								
计算单元	各计算单元不同用地类型面积(km²)						地下水开采量(亿 m³)	地下水蓄变量(亿 m³)
	耕地	林地	草地	居民地	裸地	其他		
下游荒漠平原需水区	780.38	1 023.29	7 451.01	59.49	8 025.86	15.30	1.991 3	采补平衡
合计	4 121.73	2 878.72	24 290.73	132.48	8 025.86	42.48		

情境 3								
计算单元	各计算单元不同用地类型面积(km²)						地下水开采量(亿 m³)	地下水蓄变量(亿 m³)
	耕地	林地	草地	居民地	裸地	其他		
上游自然山地产水区	0.00	1 514.61	5 785.47	0.18	0.00	18.90	—	—
中游平原绿洲耗水区	3 341.35	340.82	11 054.25	72.81	0.00	8.28	4.629 5	采补平衡
下游荒漠平原需水区	780.38	851.37	7 451.01	59.49	8 197.78	15.30	1.877 2	采补平衡
合计	4 121.73	2 706.80	24 290.73	132.48	8 197.78	42.48		

情境 4								
计算单元	各计算单元不同用地类型面积(km²)						地下水开采量(亿 m³)	地下水蓄变量(亿 m³)
	耕地	林地	草地	居民地	裸地	其他		
上游自然山地产水区	0.00	1 514.61	5 785.47	0.18	0.00	18.90	—	—
中游平原绿洲耗水区	2 764.34	327.06	11 054.25	72.81	590.77	8.28	3.445 6	采补平衡
下游荒漠平原需水区	1 357.39	1 635.77	7 451.01	59.49	6 836.37	15.30	2.571 4	采补平衡
合计	4 121.73	3 477.44	24 290.73	132.48	7 427.14	42.48		

情境 5								
计算单元	各计算单元不同用地类型面积(km²)						地下水开采量(亿 m³)	地下水蓄变量(亿 m³)
	耕地	林地	草地	居民地	裸地	其他		
上游自然山地产水区	0.00	1 514.61	5 785.47	0.18	0.00	18.90	—	—
中游平原绿洲耗水区	2 764.34	917.83	11 054.25	72.81	0.00	8.28	4.426 0	采补平衡

情境5								
计算单元	各计算单元不同用地类型面积(km²)						地下水开采量(亿 m³)	地下水蓄变量(亿 m³)
	耕地	林地	草地	居民地	裸地	其他		
下游荒漠平原需水区	1 449.65	102.78	7 451.01	59.49	8 277.10	15.30	1.927 7	采补平衡
合计	4 213.99	2 535.22	24 290.73	132.48	8 277.10	42.48		

情境6								
计算单元	各计算单元不同用地类型面积(km²)						地下水开采量(亿 m³)	地下水蓄变量(亿 m³)
	耕地	林地	草地	居民地	裸地	其他		
上游自然山地产水区	0.00	1 514.61	5 785.47	0.18	0.00	18.90	—	—
中游平原绿洲耗水区	3 341.35	340.82	11 054.25	72.81	0.00	8.28	3.945 5	采补平衡
下游荒漠平原需水区	780.38	1 249.58	7 451.01	59.49	7 799.57	15.30	2.143 5	采补平衡
合计	4 121.73	3 105.01	24 290.73	132.48	7 799.57	42.48		

表 5.16　不同情境下模型最优解目标函数值与生态健康指数值

情境	各计算单元 EHI			流域平均 EHI	生态价值(亿元)	粮食产量(万吨)
	上游自然山地产水区	中游平原绿洲耗水区	下游荒漠平原需水区			
情境1	0.728 3	0.641 9	0.438 3	0.602 8	270.66	111.41
情境2	0.728 3	0.642 0	0.437 2	0.602 5	270.05	111.41
情境3	0.728 3	0.641 9	0.431 1	0.600 4	266.46	111.41
情境4	0.728 3	0.632 0	0.467 1	0.609 1	282.36	111.41
情境5	0.728 3	0.656 7	0.413 6	0.599 5	262.93	113.91
情境6	0.728 3	0.641 9	0.445 3	0.605 2	274.68	111.41

由表 5.15 和表 5.16 可知,基于现状平水年来水条件,经模型优化后所有情境下的各计算单元及流域整体生态健康指数均有所提升,流域水文生态格局在优化后均呈现耕地和裸地面积减少、林地和草地面积增大的变化特征。表明通过适当压减耕地面积、增加天然植被,可较为有效地改善流域生态环境。从各情境优化后的结果来看,流域耕地总面积基本均压减至流域基本农田保护面

积,即 4 121.73 km²。这一结果也从侧面说明,对于水资源极为短缺的石羊河流域,为保障流域整体的生态环境健康、维系流域的可持续发展,粮食产业应以满足自给为要求进行转型调整,这与粟晓玲[94]、马黎华[242]的研究结论相一致。

对不同情境优化前后石羊河流域主要用地类型面积变化情况开展进一步分析,结果如图 5.6 所示。通过对比分析可以看出,上游自然山地产水区的耕地在所有情境优化后,均退耕变为草地。表明在现状平水年来水条件下,不论采取何种综合治理措施,为改善流域整体的生态健康状况,都宜将农业种植生产集中到流域的中下游,尽量避免农耕活动在上游开展,挤占天然植被生长空间。

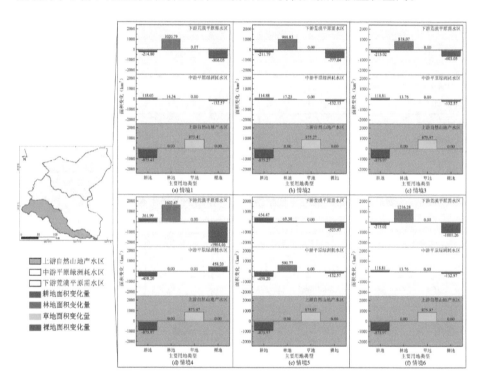

图 5.6　不同情境模型优化后石羊河流域主要用地类型面积变化

不同情境设置对于流域生态格局优化的差异,主要体现在中游平原绿洲耗水区和下游荒漠平原需水区两个计算单元。从图 5.6 中可以看出,情境 1、2、3和 6 的生态格局优化调控模式相近,主要表现为中游平原绿洲耗水区耕地和林地面积小幅增大、裸地面积有所缩减;下游荒漠平原需水区耕地面积缩减、裸地面积大幅降低,而林地面积明显增大。上述 4 种调控优化结果,主要是将流域的农业种植生产压缩集中在流域社会经济发展较为活跃的中游地区;通过压缩农田灌溉用水、提升节水效率等方式节省出的水量,主要用于下游荒漠平原需水区林地的恢复生长,提升区域生态环境质量。

通过对情境 1、情境 2、情境 3 的优化调控结果进行对比可知,基于当前的社会经济发展用水规模、调水工程的开展等现状,情境 1 优化调控后流域整体的生态健康状况改善的幅度最大。但这种生态的明显改善是以不限制地下水开采实现的,中下游区域的地下水蓄变量在优化调控后呈现明显的负均衡状态,长此以往将进一步加剧地下水的消耗,导致地下水位不断下降、地下水漏斗不断扩大,最终实际上对流域的生态环境造成了破坏,不利于流域社会经济与生态环境的可持续发展。

不同于上述 4 种情境的优化结果,情境 4 主要通过压缩中游平原绿洲耗水区的农作物种植、增大下游荒漠平原需水区天然林地的数量来改善流域整体的生态健康状况。其中,情境 4 调控模式下林地恢复增长的面积是所有情境优化下涨幅最大的,这主要与情境 4 所设置的优化调控措施有关,即考虑流域现状社会经济发展规模下,采用最优的节水参数、增大调水量和生态保护力度。因此,有更多的节余水量用于自然植被的恢复生长。

相比之下,情境 5 优化后的流域植被增幅是最小的,这主要由于其针对的是未来规划水平年下的社会经济发展规模,工业、生活等方面的用水量相比于现状条件有所增加,势必导致其他方面的可利用水量有所减少;在保持现有农田灌溉用水定额、保障流域基本农田用水的前提下,节余出的可供给额外天然植被生长的水量相对较少。

综合上述所有情境的优化调控结果,从生态健康的角度来看,各计算单元的生态健康指数均有所提升,流域整体上也达到了"良好"的生态健康水平。但在保证不超采地下水的前提下,即使流域节水力度、调水量达到规划最大,下游荒漠平原需水区的生态健康程度在优化后,仍无法达到"较好"程度的下限阈值 0.6,最大也只能提升至 0.467 1 左右。而当流域社会经济按预期进一步发展、用水规模有所增长时,流域生态健康虽有所改善,但因社会经济发展所需水量进一步增大,剩余可供改善生态环境的水量被压缩。因此,在以保护流域地下水可持续发展利用为首要前提的情况下,若进一步改善流域生态健康水平,当前可能只有通过新建其他调水工程或提高现有调水工程的调水力度,增大流域可利用水量,以实现流域生态出现较大幅度改善的目标。

5.6 面向石羊河流域生态健康的水文生态格局调控推荐方案及对策建议

5.6.1 调控推荐方案

根据不同情境下的面向石羊河流域生态健康的水文生态格局优化调控结果,基于石羊河流域平水年 14.23 亿 m³ 的来水条件及现有工程条件和规划,提出面向流域生态健康的水文生态格局调控推荐方案。推荐方案具体调控指标及数值见表 5.17。

表 5.17 面向流域生态健康的石羊河流域水文生态格局调控推荐方案指标值

调控指标		推荐值
引硫济金调水量(亿 m³)		0.4
灌溉水利用系数		0.65
青土湖生态输水量(亿 m³)		0.45
农田灌溉定额(m³/亩)		290
流域总耕地控制面积(km²)		4 122
中游平原绿洲耗水区地下水开采量(亿 m³)	现状水平年	3.45
	规划水平年	3.95
下游荒漠平原需水区地下水开采量(亿 m³)	现状水平年	2.57
	规划水平年	2.14

根据表 5.17,基于石羊河流域 2020 现状平水年来水条件,为改善流域整体生态健康水平、提升环境质量,根据现有条件宜将引硫济金调水量增大至其工程设计最大调水量 0.4 亿 m³,进一步提升灌溉水利用系数至 0.65,降低农田灌溉定额至 290 m³/亩。为实现青土湖绿洲生态修复目标,宜将年生态输水量维持在 0.45 亿 m³。控制流域耕地开垦面积,将其压减至流域基本农田保护面积,对现有上游的所有耕地施行退耕,将农业种植生产集中至流域人类活动较为集中的中下游区域。限制流域中下游地下水开采,使其达到采补平衡状态,保护地下水的可持续发展。针对不同的社会经济发展用水规模,宜对地下水开采水量采取不同的限制,以实现地下水均衡发展、流域生态有所改善。对

于 2020 现状水平年的社会经济发展用水规模,宜将中游平原绿洲耗水区年地下水开采量控制在 3.45 亿 m^3、下游荒漠平原需水区年地下水开采量控制在 2.57 亿 m^3;对于 2030 规划水平年的社会经济发展用水规模,可分别将中游平原绿洲耗水区和下游荒漠平原需水区年地下水开采量控制在 3.95 亿 m^3 和 2.14 亿 m^3。

5.6.2　调控对策建议

5.6.2.1　转变农业发展思路,提升农业节水效率

　　石羊河流域节水措施经过近十几年的推行,虽然农业用水的占比已从 21 世纪初的约 90% 下降到近 80%,但其仍是流域内最大的用水类型,仍具有较高的节水潜力。结合优化调控分析结果,为进一步改善流域生态环境,针对石羊河流域未来的农业生产发展提出以下三点建议。①调整农业发展思路。宜将流域农业生产发展的重心逐步转变为以种植粮食作物为主,满足流域粮食自给。参照流域水文生态格局优化调控推荐方案,应以保障流域基本粮食安全为前提,进一步减少石羊河流域农作物种植面积,宜将其压减至流域基本农田保护面积。严格把控上游自然山区的农业种植活动,对山区一些重点生态保护区域可开展生态移民并施行退耕,充分保护流域水源涵养地的生态环境。②转变农业种植结构。在通过压减耕地降低农业用水的同时,进一步调整种植结构,降低高耗水作物的种植比例,如小麦、玉米、薯类和葵花。继续大力发展低耗水、高效益并具有当地特色的农业发展模式,如民勤县的蜜瓜、茴香,金昌市的人工草场等特色产业,从优化种植结构的角度降低流域农田灌溉用水定额。③持续推广农业节水技术。继续加大喷灌、滴灌、阳光大棚等现有科学节水技术的推广应用,组织专业技术人员定期为当地农民开展节水技术的知识普及与实操培训。可与高校、农科院等专业机构开展合作,推动节水技术创新,构建符合当地实际的节水灌溉模式,进一步挖掘节水灌溉潜力,将农田灌溉定额控制下来。在转变农业灌溉方式前,应充分调研农田周边依靠传统灌溉的侧渗水量而存活的天然植被,制定具体的迁移或保护措施,防止因灌溉方式转变对流域生态环境造成次生危害。通过以上的对策建议,将农业灌溉节省出的水量,用于流域生态环境的改善与建设。

5.6.2.2　加强限制监管,严防地下水超采

　　地下水作为石羊河流域中下游天然植被生长的重要水分来源,是保障流域生态环境健康发展的关键资源要素。尽管地下水也是维系当地社会经济发展的主要供水水源,但为保障流域社会-经济-生态全方位的可持续发展,仍需对地下水的开采采取长期、科学的限制约束。从时间尺度上,对石羊河流域地下水开采与监管提出两点目标建议。①短期内考虑到流域多方面的用水需求,应以保证流域中下游的地下水开采规模不再扩大为主要管理目标。②通过合理规划逐步过渡到以地下水实现采补均衡为中长期调控目标对其进行监管。当流域其他调水工程持续开发运行、节水灌溉等新技术广泛成熟运用后,可进一步将流域地下水调控目标调整为地下水储量达到正均衡,实现地下水的可持续利用,保障流域生态健康发展。

5.6.2.3　完善工程举措,增强节水意识

　　改善流域生态环境,需要注重工程与非工程措施相结合,可从以下几方面强化综合治理。①通过科学合理规划,提高跨流域调水水量,并适当新修部分调水工程,综合多种工程措施与手段,增加流域可利用水量,缓解流域水资源可利用量较少的现状,增加流域生态环境可提升的空间幅度。②加强已有调水、输水工程的日常修缮维护,加强防水衬砌,减少输送过程中的水量损耗,提高输水效率。③持续优化流域生态重点保护区域的保护策略。对于上游祁连山国家自然保护区,严格落实国家相关政策,严禁商业开发,加大对天然林草的保护,依托生态移民工程,继续推动区域施行退耕还林还草、退牧还草等生态保护对策。对于下游尾闾青土湖绿洲,未来一段时间内建议将绿洲面积恢复至 29.16 km^2、年生态输水量维持在 0.45 亿 m^3 作为绿洲生态保护与调控的主要目标;加强开展绿洲水文生态恢复情况定期监测,利用监测数据及时调整绿洲生态保护策略。④不断增强民众及企业的节水意识。随着未来流域社会经济的不断发展,生产生活方面的用水需求也将日益增大,若不加强社会经济用水的节水力度,流域生态用水的压力则会逐渐增大。对此,在加强节水宣传的同时,应适时出台并完善相关法律法规,制定用水红线,加强监管力度;持续发展工业及生活用水相关的节水技术,如加强推广循环水利用等相关技术的实际应用。

5.7　本章小结

本章讨论了流域水文生态格局调控内涵,以及干旱内陆河流域水文生态格局调控所涉及的各项基础理论。详细介绍了面向流域生态健康的水文生态格局调控框架。探讨了面向干旱内陆河流域生态健康的水文生态格局调控原则与调控目标。结合石羊河流域水文生态格局,分析了石羊河流域水文生态格局调控目标。构建了以水资源配置为内核、结合流域生态健康评价的面向石羊河流域生态健康的水文生态格局调控模型。模型以不同水文生态分区为计算单元,以各类土地利用面积为变量,利用定额指标法确定各用地类型面积与可供水资源量之间的联系;基于水量平衡原理,建立各计算单元之间及其内部的水利关系;以流域生态价值和经济效益最大为目标函数。通过设置不同工程与非工程措施相结合的调控情境,结合多情境分析与多目标优化得到面向石羊河流域生态健康的水文生态格局调控推荐方案,提出石羊河流域水文生态格局调控建议。本章主要结论如下:

(1) 探讨并阐释了流域水文生态格局调控的内涵。即以生态水文学、决策理论等为指导,深入理解流域水文与生态格局特征,分析流域水文生态格局及其特征差异,明确保护目标及所需水量,利用流域水文生态双向调节功能,通过工程与非工程措施,以保障流域生态健康为目标,基于流域水资源配置,通过对流域生态格局进行优化调整,平衡经济效益与生态价值,增加可利用水量,实现流域水文生态格局科学调配,从而增强流域生态系统的稳定性,促进流域社会-经济-生态多维可持续发展。干旱区生态水文学、水文生态分区理论、干旱区生态需水理论、生态经济学、系统工程理论和决策理论等是干旱内陆河流域水文生态格局调控的理论基础。

(2) 提出并阐述了面向流域生态健康的水文生态格局调控框架,可概括为:基于流域水文生态现状,结合流域水文生态分区、尾闾绿洲生态恢复目标,探明干旱内陆河流域水文生态格局调控目标。构建面向流域生态健康的水文生态格局调控模型,通过多情境模拟与多目标评估分析,优化制定面向流域生态健康的流域水文生态格局调控策略。

(3) 讨论了面向干旱内陆河流域生态健康的水文生态格局调控应遵循的四点原则,可主要概括为:整体性原则,公平性原则,以人为本、生态优先原则和以水定地原则。探讨了面向流域生态健康的水文生态格局调控目标,在确保流域内社会经济与生态综合效益达到最大的前提下,维持流域生态系统的健康稳定,以实现流域生态健康状态达到最优为最终目的。

（4）基于石羊河流域水文生态分区及其内部水利联系,概化了石羊河流域水系结构。分析出石羊河流域当前存在的生产用水与生态用水矛盾突出、地下水呈负均衡状态、下游荒漠平原需水区生态健康水平相对较差等问题,提出了面向石羊河流域生态健康的水文生态格局调控目标,即维系流域中下游地下水采补平衡,改善下游荒漠平原需水区生态健康状况。

（5）利用面向石羊河流域生态健康的水文生态格局调控模型,得到不同情境下流域水文生态格局优化调控结果。在 2020 现状平水年来水 14.23 亿 m^3 条件下,石羊河流域各计算单元及整体生态健康指数在不同情境模拟优化调控后均有提升,流域水文生态格局均呈现耕地与裸地面积减少、林地与草地面积增大的变化特征。表明适当压减耕地面积、增加天然植被数量,可有效改善石羊河流域生态环境。若要进一步提升流域生态环境的改善幅度,宜通过新建其他调水工程或提高现有调水工程的调水力度,增大流域可利用水量实现。

（6）建议在现状平水年来水条件下,调高引硫济金工程调水量至 0.4 亿 m^3,提升灌溉水利用系数至 0.65,降低流域综合农田灌溉定额至 290 m^3/亩,维持青土湖生态输水量在 0.45 亿 m^3,压减耕地面积至流域基本农田保护面积 4 121.73 km^2;在现状水平年社会经济发展规模下,分别将中游平原绿洲耗水区、下游荒漠平原需水区地下水开采量控制在 3.45 亿 m^3 和 2.57 亿 m^3;在规划水平年社会经济发展规模下,分别将中游平原绿洲耗水区、下游荒漠平原需水区地下水开采量控制在 3.95 亿 m^3 和 2.14 亿 m^3,作为石羊河流域水文生态格局调控推荐方案,并持续推进农业结构调整、节水效率提升、地下水开采监管以及工程举措的完善。

第 6 章

结论与展望

6.1　主要结论

　　本书采用理论研究与实例分析相结合的方法,围绕干旱内陆河流域水文生态格局展开研究,主要研究了流域水文生态格局时空演变与分区划定、尾闾绿洲恢复时空演变与生态输水优化,以及面向流域生态健康的水文生态格局调控。

　　对流域水文生态格局进行了理论分析,讨论了流域水文生态格局及其调控的内涵与原则,分别提出了干旱内陆河流域水文生态格局区域划分、基于水文生态模拟的尾闾绿洲恢复生态输水量优化以及面向流域生态健康的水文生态格局调控等具体研究框架。以石羊河流域为例,在探究干旱内陆河流域气候、水文及生态格局时空演变与总体特征的基础上,定量分析了影响流域生态格局形成与演变的驱动因素。构建了适用于干旱内陆河流域的水文生态分区指标体系,对石羊河流域水文生态格局进行了划分,讨论了流域主要生态保护目标。通过剖析生态输水驱动下石羊河流域尾闾青土湖绿洲恢复时空动态,揭示了其背后的演变机理,构建了尾闾绿洲元胞自动机-概念性集总式生态水文模型,评估了尾闾绿洲适宜恢复目标及生态输水量。综合上述研究成果,构建了面向流域生态健康的水文生态格局调控模型,利用模型对石羊河流域水文生态格局开展了优化模拟,探讨了干旱内陆河流域水文生态格局调控的对策建议。

　　本书所取得的主要结论如下:

　　(1) 对石羊河流域气候、水资源开发利用及生态健康状况演变特征分析发现:流域气候呈"暖湿化"变化趋势,但总体仍表现为干旱少雨且气温降水空间异质性大的特点。流域总用水量呈较为显著的下降趋势,农田灌溉用水仍为流域用水大户;地下水供水比例下降明显,水资源开发利用程度出现一定幅度下降,但仍存在过度开发。流域生态健康有所改善,但仍处于"一般"的生态健康水平。

(2)2000—2020年石羊河流域生态格局变化显著,主要表现为耕地、草地与裸地之间的相互转化,林地转为草地以及城镇化的大幅推进。流域多年平均径流深呈现出自上游到下游递减的分布格局。人类活动与地形因素是影响流域人工绿洲分布形成的主要驱动力,天然绿洲格局的形成受自然和人为因素的共同影响。流域内不同生态格局组分转换为同一格局组分类型的主要驱动因素基本相同,人类活动变化及地形因素共同推动城镇扩张和耕地的增长。流域生态格局变化程度在不同驱动因子水平上具有明显差异,但不同生态格局组分转换为同一类别组分的面积在其主要驱动因子的不同层级水平上具有较为相似的特征。

(3)以石羊河流域气候、水文及生态总体特征及驱动生态格局形成与演变的主要因素为基础,构建了适用于干旱内陆河流域的水文生态格局划分指标体系。将石羊河流域水文生态格局划分为上游自然山地产水区、中游平原绿洲耗水区和下游荒漠平原需水区3个水文生态一级分区以及4个水文生态二级分区。提出了保护上游水源涵养能力,合理规划中下游社会经济发展用地,以及重点加强尾闾绿洲生态屏障功能的流域生态保护目标。

(4)生态输水可有效推动石羊河尾闾青土湖绿洲生态恢复,形成明显的季节性淹没区。绿洲空间格局复杂性增大,裸地逐步向有植被覆盖类型土地演替,湖滨周边植被明显增长。绿洲覆被空间配置同时呈一定的随机性和规律性。生态输水导致的地下水埋深空间规律性与随机性共存,以及地下水埋深与绿洲 NDVI 的复杂性关系,是影响绿洲恢复时空变化的主要因素。

(5)构建的尾闾绿洲元胞自动机-概念性集总式生态水文模型模拟发现,生态输水工程对于防控青土湖绿洲退化至关重要,建议继续实行生态输水。生态输水的生态效益随绿洲蒸散损耗水量的增加呈非线性增长,宜将绿洲面积恢复至 27.98～30.61 km² 、绿洲 NDVI 达到 0.40～0.42、绿洲地下水埋深缩减至 2.31～2.35 m 作为绿洲水文生态适宜恢复目标,将 0.45 亿 m³ 水量作为绿洲年生态输水量的推荐值。

(6) 探讨并阐释了流域水文生态格局调控的内涵,可以概括为:以生态水文学、决策理论等为指导,深入理解流域水文与生态格局特征,分析流域水文生态格局及其特征差异,明确保护目标及所需水量,通过工程措施与非工程措施,以保障流域生态健康为目标,基于流域水资源配置,通过对流域生态格局进行优化调整,平衡经济效益与生态价值,增加可利用水量,实现流域水文生态格局科学调配,从而增强流域生态系统的稳定性,促进流域社会-经济-生态多维可持续发展。

(7) 面向干旱内陆河流域生态健康的水文生态格局调控应遵循整体性,公平性,以人为本、生态优先和以水定地 4 项基本原则。提出了以确保流域社会经济与生态综合效益达到最大为前提,维持流域生态系统健康稳定,实现流域生态健康状态达到最优的流域水文生态格局调控目标。

(8) 基于构建的面向流域生态健康的水文生态格局调控模型,通过多情境模拟优化,提出了在现状平水年来水条件下,调高引硫济金工程调水量至 0.4 亿 m³,提升灌溉水利用系数至 0.65,降低流域综合农田灌溉定额至 290 m³/亩,维持青土湖生态输水量在 0.45 亿 m³,压减耕地面积至流域基本农田保护面积 4 121.73km²;在现状水平年社会经济发展规模下,分别将中游和下游水文生态分区地下水开采量控制在 3.45 亿 m³ 和 2.57 亿 m³;在规划水平年社会经济发展规模下,分别将中游和下游水文生态分区地下水开采量控制在 3.95 亿 m³ 和 2.14 亿 m³ 的石羊河流域水文生态格局调控推荐方案。提出了以推进农业结构调整、提升节水效率、加强地下水开采监管和完善工程举措为主的流域水文生态格局调控对策建议。

6.2　主要创新成果

本书主要取得了以下几点创新成果:

(1) 揭示了生态输水驱动下干旱内陆河流域尾闾绿洲恢复空间格局演变特征与机理

基于对干旱内陆河流域尾闾绿洲不同覆被类型及其空间配置的熵信息分析,揭示了绿洲恢复过程中不同覆被类型空间分布的随机性与规律性并存、空间格局复杂性有所提升的演变规律,阐明了生态输水驱动的绿洲地下水埋深空间格局规律性与随机性共存、绿洲 NDVI 与地下水埋深复杂的相关关系,是影响绿洲恢复时空动态变化的主要因素,进一步加深了对输水引起的绿洲覆被变化特征与机制的理解。

(2)提出了干旱内陆河流域尾闾绿洲生态输水量优化方法

为弥补现有模型直接高效地模拟干旱内陆河流域尾闾绿洲恢复水文生态过程及其空间动态演变能力相对较弱的不足,构建了适用于尾闾绿洲的元胞自动机-概念性集总式生态水文模型,在此基础上综合多情境、长时序模拟,剖析了不同生态输水情境下的生态效益与蒸散损耗相关关系并开展多目标优化,提出了基于绿洲恢复多情境时空动态模拟的干旱内陆河流域尾闾绿洲生态输水量优化方法。利用该方法确定了绿洲水文生态适宜保护目标及生态输水量,为干旱内陆河流域水文生态格局总体调控提供了科学支撑。

(3)提出了面向干旱内陆河流域生态健康的水文生态格局调控技术

通过系统构建适用于干旱内陆河流域的水文生态格局划分指标体系,在科学划定流域水文生态分区的基础上,提出了面向干旱内陆河流域生态健康的水文生态格局调控技术。建立了以水资源配置为内核、结合流域生态健康评价的水文生态格局调控模型,运用多情境分析与多目标优化,提出了流域水文生态格局调控推荐方案。该技术丰富并完善了流域水文生态分区体系框架,弥补了现有流域水文生态调控研究缺乏从水文生态格局角度开展系统分析的不足,为探索以生态健康水平最优为目标的干旱内陆河流域水文生态格局调控策略提供了新途径。

6.3 不足与展望

本书在干旱内陆河流域水文生态格局形成与调控内涵、水文生态格局识别与划分、尾闾绿洲恢复时空演变与生态输水量优化、面向流域生态健康的水文生态格局调控研究中虽然取得了一些成果,但仍存在一些问题有待于今后进一步研究解决,主要包括以下几个方面:

(1)在讨论流域水文生态格局形成与调控内涵时,未能在理论层面对水文生态格局形成涉及的流域水文与生态的耦合机制及相互作用进行深入探讨。在分析流域生态格局形成与演变驱动因素中,驱动分析所借助的地理探测器统计分析法是基于网格单元进行分析的,网格大小和数据离散化的方式会在一定程度上影响分析结果。考虑到石羊河流域面积相对较小,且目前尚没有确定网格大小和数据离散化方法的最优准则,因此没有对此方面深入讨论。需在今后的研究中针对上述不足开展进一步分析。

(2) 构建水文生态模型分析模拟尾闾绿洲生态输水效应及输水量优化时,因观测数据时序相对较短以及建模过程中对模型结构简化所做出的假设,可能导致模型结构存在一定的不确定性和误差。在 CA 模块计算 NVI 时,只考虑了植被种群扩张的影响,未对群落竞争可能存在的影响加以考虑。今后随着观测数据的不断收集更新,可对模型进行进一步校验调整,降低不确定性;在考虑植被群落竞争影响因素的同时,尝试将尾闾绿洲生态水文模型逐步应用到其他干旱内陆河流域,以验证模型的实用性与可靠性。

(3) 在干旱内陆河流域水文生态格局调控研究中,流域水文生态格局划分时采用的为各项指标的多年平均值,出于石羊河流域各项用水数据资料的限制,对石羊河流域水文生态格局开展调控分析时,水量数据采用的是 2020 年平水年的水量数据,未能深入分析流域水文生态格局的丰枯动态变化及相应的动态调控方案。此外,本书针对流域水文生态格局的调控更多侧重于陆域生态,且水文因素的主要切入点为水量,均是在假定水质满足要求的条件下开展调控分析。在今后的研究工作中,将考虑侧重于流域水文生态格局的动态调控研究,并将河流水质及水生态等其他方面的要素纳入进来,完善提出的面向流域生态健康的水文生态格局调控框架,增加其他干旱内陆河流域实例分析,以验证和增强框架的实用性及适用性。

参考文献

［1］郭利丹. 河流和湖泊水域生态需水保障基础理论研究[D]. 南京:河海大学,2012.

［2］陈亚宁,杨青,罗毅,等. 西北干旱区水资源问题研究思考[J]. 干旱区地理,2012,35(1):1-9.

［3］马转转,张明军,王圣杰,等. 1960—2015 年青藏高寒区与西北干旱区升温特征及差异[J]. 高原气象,2019,38(1):42-54.

［4］严登华,王浩,杨舒媛,等. 干旱区流域生态水文耦合模拟与调控的若干思考[J]. 地球科学进展,2008(7):773-778.

［5］LI X, CHENG G, GE Y, et al. Hydrological cycle in the Heihe River Basin and its implication for water resource management in endorheic basins[J]. Journal of Geophysical Research:Atmospheres,2018,123 (2):890-914.

［6］VARIS O, KUMMU M. The major Central Asian river basins:an assessment of vulnerability[J]. International Journal of Water Resources Development,2012,28(3):433-452.

［7］CHEN Y, LI B F, LI Z, et al. Water resource formation and conversion and water security in arid region of Northwest China[J]. Journal of Geographical Sciences,2016,26(7):939-952.

［8］ZALEWSKI M. Ecohydrology and hydrologic engineering:regulation of hydrology-biota interactions for sustainability[J]. Journal of Hydrologic Engineering,2015,20(1):A4014012.

［9］严登华,何岩,邓伟,等. 生态水文学研究进展[J]. 地理科学,2001(5):467-473.

［10］杨永刚,肖洪浪,赵良菊,等. 流域生态水文过程与功能研究进展[J]. 中国沙漠,2011,31(5):1242-1246.

［11］徐宗学,赵捷. 生态水文模型开发和应用:回顾与展望[J]. 水利学报,

2016，47(3)：346-354.

[12] ZALEWSKI M. Ecohydrology：process-oriented thinking towards sustainable river basins[J]. Ecohydrology & Hydrobiology，2013，13(2)：97-103.

[13] 严登华，何岩，邓伟. 流域生态水文格局与水环境安全调控[J]. 科技导报，2001，19(9)：55-57.

[14] 严登华. 东辽河流域生态水文格局与水环境安全调控[D]. 北京：中国科学院研究生院，2003.

[15] HUANG F，OCHOA C G，CHEN X，et al. Modeling oasis dynamics driven by ecological water diversion and implications for oasis restoration in arid endorheic basins [J]. Journal of Hydrology，2021，593：125774.

[16] 尹民，杨志峰，崔保山. 中国河流生态水文分区初探[J]. 环境科学学报，2005(4)：423-428.

[17] 杨爱民，唐克旺，王浩，等. 中国生态水文分区[J]. 水利学报，2008，39(3)：332-338.

[18] 刘延国，邹强，逯亚峰，等.青藏高原东缘地形急变流域生态水文分区研究[J]. 水利学报，2022，53(2)：243-252.

[19] 孙然好，程先，陈利顶. 基于陆地-水生态系统耦合的海河流域水生态功能分区[J]. 生态学报，2017，37(24)：8445-8455.

[20] BAILEY R G. Ecoregions of North America[M]. Washington，D C：US Department of Agriculture，Forest Service，1998.

[21] ABELL R A，OLSON D M，DINERSTEIN E，et al. Freshwater ecoregions of North America：a conservation assessment[M]. Washington，D C：Island Press，2000.

[22] FRISSELL C A，LISS W J，WARREN C E，et al. A hierarchical framework for stream habitat classification：viewing streams in a watershed context[J]. Environmental Management，1986，10(2)：199-214.

[23] DEL TANAGO G，DE JALCN D G. Hierarchical classification of rivers：a proposal for eco-geomorphic characterization of Spanish rivers within the Eu-

ropean water frame directive［C］. Fifth International Symposium on Eco-hydraulics. Aquatic Habitats: Analysis and Restoration. 2004.

［24］MUNNÉ A, PRAT N. Defining river types in a Mediterranean area: a methodology for the implementation of the EU Water Framework Directive［J］. Environmental Management, 2004, 34(5): 711-729.

［25］FELD C K. Identification and measure of hydromorphological degradation in Central European lowland streams［J］. Hydrobiologia, 2004, 516: 69-90.

［26］PETKOVSKA V, URBANIC G. The links between river morphological variables and benthic invertebrate assemblages: comparison among three European ecoregions［J］. Aquatic Ecology, 2015, 49(2): 159-173.

［27］PAVLIN M, BIRK S, HERING D, et al. The role of land use, nutrients, and other stressors in shaping benthic invertebrate assemblages in Slovenian rivers［J］. Hydrobiologia, 2011, 678(1): 137-153.

［28］MARCHANT R, WELLS F, NEWALL P. Assessment of an ecoregion approach for classifying macroinvertebrate assemblages from streams in Victoria, Australia［J］. Journal of the North American Benthological Society, 2000, 19(3): 497-500.

［29］ABELL R, THIEME M L, REVENGA C, et al. Freshwater ecoregions of the world: a new map of biogeographic units for freshwater biodiversity conservation［J］. BioScience, 2008, 58(5): 403-414.

［30］BUHLMANN K A, AKRE T S B, IVERSON J B, et al. A global analysis of tortoise and freshwater turtle distributions with identification of priority conservation areas［J］. Chelonian Conservation and Biology, 2009, 8(2): 116-149.

［31］瞿书锐. 国外河流生态分类对我国河流水环境生态功能分区的启示［J］. 资源节约与环保, 2016(6): 315-316.

［32］林蔚, 徐建刚, 杨帆. 汀江上游流域生态水文分区研究［J］. 水土保持研究, 2017, 24(5): 227-232.

［33］夏军, 张永勇, 穆兴民, 等. 中国生态水文学发展趋势与重点方向［J］.

地理学报，2020，75(3)：445-457.

[34] 熊怡，张家桢. 中国水文区划[M]. 北京：科学出版社，1995.

[35] 傅伯杰，陈利顶，刘国华. 中国生态区划的目的、任务及特点[J]. 生态学报，1999(5)：3-7.

[36] 傅伯杰，刘国华，陈利顶，等. 中国生态区划方案[J]. 生态学报，2001(1)：1-6.

[37] 王超，朱党生，程晓冰. 地表水功能区划分系统的研究[J]. 河海大学学报(自然科学版)，2002(5)：7-11.

[38] 潘妮，梁川. 基于 TOPSISFS 的生态水文区划分及其应用[J]. 红水河，2008(1)：39-42.

[39] 张晶，董哲仁，孙东亚，等. 基于主导生态功能分区的河流健康评价全指标体系[J]. 水利学报，2010，41(8)：883-892.

[40] 于世伟，陈贺，曾容，等. 定量化方法在生态分区过程中的应用及案例研究[J]. 水土保持研究，2010，17(4)：247-251＋257.

[41] 高喆，曹晓峰，黄艺，等. 滇池流域水生态功能一二级分区研究[J]. 湖泊科学，2015，27(1)：175-182.

[42] 邓铭江. 中国西北"水三线"空间格局与水资源配置方略[J]. 地理学报，2018，73(7)：1189-1203.

[43] 李丽琴，王志璋，贺华翔，等. 基于生态水文阈值调控的内陆干旱区水资源多维均衡配置研究[J]. 水利学报，2019，50(3)：377-387.

[44] 陈亚宁，李卫红，徐海量，等. 塔里木河下游地下水位对植被的影响[J]. 地理学报，2003(4)：542-549.

[45] 程国栋，肖笃宁，王根绪. 论干旱区景观生态特征与景观生态建设[J]. 地球科学进展，1999(1)：13-17.

[46] CHEN Y, XU C, CHEN Y, et al. Progress, challenges and prospects of eco-hydrological studies in the Tarim River basin of Xinjiang, China [J]. Environmental Management，2013，51(1)：138-153.

[47] CHEN Y, CHEN Y, XU C, et al. Effects of ecological water conveyance on groundwater dynamics and riparian vegetation in the lower reaches of Tarim River, China[J]. Hydrological Processes：An Interna-

tional Journal，2010，24（2）：170-177.

[48] 陈政融. 基于高分辨率卫星影像的青土湖水面和植被的动态研究[D].
兰州：甘肃农业大学，2016.

[49] SHEN Q, MA Y. Did water diversion projects lead to sustainable eco-
logical restoration in arid endorheic basins? Lessons from long-term
changes of multiple ecosystem indicators in the lower Heihe River Basin
[J]. Science of The Total Environment，2020，701：134785.

[50] CHEN Y, ZHANG X, ZHU X, et al. Analysis on the ecological bene-
fits of the stream water conveyance to the dried-up river of the lower
reaches of Tarim River, China[J]. Science in China Series D：Earth Sci-
ences，2004，47（11）：1053-1064.

[51] 孙海涛，陈亚鹏，陈亚宁，等. 塔里木河下游荒漠河岸林地下水蒸散发
[J]. 干旱区研究，2020，37（1）：116-125.

[52] ZHOU Y, LI X, YANG K, et al. Assessing the impacts of an ecologi-
cal water diversion project on water consumption through high-resolu-
tion estimations of actual evapotranspiration in the downstream regions
of the Heihe River Basin, China[J]. Agricultural and Forest Metcorolo-
gy，2018，249：210-227.

[53] 李蓓，张一弛，于静洁，等. 东居延海湿地恢复进程研究[J]. 地理研究，
2017，36（7）：1223-1232.

[54] 董志玲，徐先英，金红喜，等. 生态输水对石羊河尾闾湖区植被的影响
[J]. 干旱区资源与环境，2015，29（7）：101-106.

[55] HUANG F, CHUNYU X Z, ZHANG D, et al. A framework to assess
the impact of ecological water conveyance on groundwater-dependent
terrestrial ecosystems in arid inland river basins[J]. Science of The To-
tal Environment，2020，709：136155.

[56] GUO Q L, FENG Q, LI J L. Environmental changes after ecological
water conveyance in the lower reaches of Heihe River, Northwest China
[J]. Environmental Geology，2009，58（7）：1387-1396.

[57] SUN Z D, CHANG N B, OPP C, et al. Evaluation of ecological resto-

ration through vegetation patterns in the lower Tarim River, China with MODIS NDVI data[J]. Ecological Informatics, 2011, 6(2): 156-163.

[58] SHEN Q, GAO G, LÜ Y, et al. River flow is critical for vegetation dynamics: lessons from multi-scale analysis in a hyper-arid endorheic basin [J]. Science of The Total Environment, 2017, 603: 290-298.

[59] ZHANG M M, WANG S, GAO G Y, et al. Exploring responses of lake area to river regulation and implications for lake restoration in arid regions[J]. Ecological Engineering, 2019, 128: 18-26.

[60] 张鹏飞, 古丽·加帕尔, 包安明, 等. 塔里木河流域近期综合治理工程生态成效评估[J]. 干旱区地理, 2017, 40(1): 156-164.

[61] 石万里, 刘淑娟, 刘世增, 等. 人工输水对石羊河下游青土湖区域生态环境的影响分析[J]. 生态学报, 2017, 37(18): 5951-5960.

[62] CHUNYU X Z, HUANG F, XIA Z, et al. Assessing the ecological effects of water transport to a lake in arid regions: a case study of Qingtu Lake in Shiyang River basin, Northwest China[J]. International Journal of Environmental Research and Public Health, 2019, 16(1): 145.

[63] LIU G L, KURBAN A, DUAN H M, et al. Desert riparian forest colonization in the lower reaches of Tarim River based on remote sensing analysis[J]. Environmental Earth Sciences, 2014, 71(10): 4579-4589.

[64] HAO X, LI W. Impacts of ecological water conveyance on groundwater dynamics and vegetation recovery in the lower reaches of the Tarim River in Northwest China[J]. Environmental Monitoring and Assessment, 2014, 186(11): 7605-7616.

[65] BAO A M, HUANG Y, MA Y G, et al. Assessing the effect of EWDP on vegetation restoration by remote sensing in the lower reaches of Tarim River[J]. Ecological Indicators, 2017, 74: 261-275.

[66] LING H B, ZHANG P, GUO B, et al. Negative feedback adjustment challenges reconstruction study from tree rings: a study case of response of Populus euphratica to river discontinuous flow and ecological water conveyance[J].

Science of The Total Environment, 2017, 574: 109-119.

[67] MA Y L, CHEN X, PENG S H, et al. Fractal analysis of vegetation patterns in the lower Tarim River, China[J]. Fresenius Environmental Bulletin, 2015, 24(4): 1392-1403.

[68] ZHAO C Y, SI J H, FENG Q, et al. Effects of ecological water transport on photosynthesis and chlorophy II fluorescence of Populus euphratica[J]. Water Science and Technology: Water Supply, 2018, 18(5): 1747-1756.

[69] DING J Y, ZHAO W W, DARYANTO S, et al. The spatial distribution and temporal variation of desert riparian forests and their influencing factors in the downstream Heihe River basin, China[J]. Hydrology and Earth System Sciences, 2017, 21(5): 2405-2419.

[70] TIAN Y, ZHENG Y, ZHENG C M, et al. Exploring scale-dependent ecohydrological responses in a large endorheic river basin through integrated surface water-groundwater modeling[J]. Water Resources Research, 2015, 51(6): 4065-4085.

[71] LIU D F, TIAN F Q, HU H P, et al. Ecohydrological evolution model on riparian vegetation in hyperarid regions and its validation in the lower reach of Tarim River[J]. Hydrological Processes, 2012, 26(13): 2049-2060.

[72] HAN M, ZHAO C Y, FENG G, et al. An eco-hydrological approach to predicting regional vegetation and groundwater response to ecological water conveyance in dryland riparian ecosystems[J]. Quaternary International, 2015, 380: 224-236.

[73] 章光新, 陈月庆, 吴燕锋. 基于生态水文调控的流域综合管理研究综述[J]. 地理科学, 2019, 39(7): 1191-1198.

[74] 夏军, 李天生. 生态水文学的进展与展望[J]. 中国防汛抗旱, 2018, 28(6): 1-5+21.

[75] BAIRD A J, WILBY R L. Eco-hydrology: plants and water in terrestrial and aquatic environments[M]. London: Psychology Press, 1999.

[76] HENSEL B R, MILLER M V. Effects of wetlands creation on ground-

water flow[J]. Journal of Hydrology, 1991, 126(3-4): 293-314.

[77] BRAGG O M, BROWN J M B, INGRAM H. Modelling the ecohydrological consequences of peat extraction from a Scottish raised mire[J]. International Association of Hydrological Sciences Publication, 1991(202): 13-22.

[78] CASPARY H J. An ecohydrological framework for water yield changes of forested catchments due to forest decline and soil acidification[J]. Water Resources Research, 1990, 26(6): 1121-1131.

[79] 马雪华. 森林水文学[M]. 北京：中国林业出版社, 1993.

[80] BAYLEY P B. The flood pulse advantage and the restoration of river-floodplain systems[J]. Regulated Rivers: Research & Management, 1991, 6(2): 75-86.

[81] PUCKRIDGE J T, SHELDON F, WALKER K F, et al. Flow variability and the ecology of large rivers[J]. Marine and Freshwater Research, 1998, 49(1): 55-72.

[82] 王根绪, 张志强, 李小雁, 等. 生态水文学概论[M]. 北京：科学出版社, 2020.

[83] River Murray Catchment Water Management Board. Water allocation plan for the River Murray prescribed watercourse[R]. Murray Bridge: Landscape South Australia Act, 1997.

[84] 曹淑敏. 海河流域水资源开发利用现状及其对策[J]. 海河水利, 2004(2): 9-11.

[85] 户作亮. 海河流域水资源综合规划概要[J]. 中国水利, 2011(23): 105-107+100.

[86] 郭书英. 加强规划计划管理 推进海河水利事业发展[J]. 海河水利, 2010(2): 4-7+11.

[87] HARPER D, ZALEWSKI M, PACINI N. Ecohydrology: processes, models and case studies: an approach to the sustainable management of water resources[M]. Wallingford: CAB International, Oxford, 2008.

[88] UNESCO. Ecohydrology for sustainability[C]. Paris: IHP, 2010.

[89] UNESCO. Ecohydrology，engineering harmony for a sustainable world [C]. Paris：IHP，2017.

[90] 程国栋，肖洪浪，傅伯杰，等. 黑河流域生态-水文过程集成研究进展 [J]. 地球科学进展，2014，29(4)：431-437.

[91] LI X，CHENG G，LIU S，et al. Heihe watershed allied telemetry experimental research (HiWATER)：Scientific objectives and experimental design[J]. Bulletin of the American Meteorological Society，2013，94(8)：1145-1160.

[92] JIA L，SHANG H，HU G，et al. Phenological response of vegetation to upstream river flow in the Heihe River basin by time series analysis of MODIS data[J]. Hydrology and Earth System Sciences，2011，15(3)：1047-1064.

[93] WANG Y B，FENG Q，SI J H，et al. The changes of vegetation cover in Ejina Oasis based on water resources redistribution in Heihe River [J]. Environmental Earth Sciences，2011，64(7)：1965-1973.

[94] 粟晓玲. 石羊河流域面向生态的水资源合理配置理论与模型研究[D]. 咸阳：西北农林科技大学，2007.

[95] ZALEWSKI M，KIEDRZYŃSKA E，WAGNER I，et al. Ecohydrology and adaptation to global change[J]. International Journal of Ecohydrology & Hydrobiology，2021，21(3)：393-410.

[96] 陈月庆，武黎黎，章光新，等. 湿地水文连通研究综述[J]. 南水北调与水利科技，2019，17(1)：26-38.

[97] 李红艳，章光新，孙广志. 基于水量-水质耦合模型的扎龙湿地水质净化功能模拟与评估[J]. 中国科学：技术科学，2012，42(10)：1163-1171.

[98] 吴燕锋，章光新. 湿地生态水文模型研究综述[J]. 生态学报，2018，38(7)：2588-2598.

[99] PARROTT L. Measuring ecological complexity[J]. Ecological Indicators，2010，10(6)：1069-1076.

[100] DRONOVA I. Environmental heterogeneity as a bridge between ecosystem service and visual quality objectives in management，planning

and design[J]. Landscape and Urban Planning, 2017, 163: 90-106.

[101] WANG P, ZHANG Y C, YU J J, et al. Vegetation dynamics induced by groundwater fluctuations in the lower Heihe River Basin, Northwestern China[J]. Journal of Plant Ecology, 2011, 4(1-2): 77-90.

[102] NOWOSAD J, STEPINSKI T F. Information theory as a consistent framework for quantification and classification of landscape patterns [J]. Landscape Ecology, 2019, 34(9): 2091-2101.

[103] ALADOS C L, PUEYO Y, NAVAS D, et al. Fractal analysis of plant spatial patterns: a monitoring tool for vegetation transition shifts[J]. Biodiversity & Conservation, 2005, 14(6): 1453-1468.

[104] 黎明扬. 半干旱草原型流域生态水文耦合模型构建与动态过程模拟 [D]. 呼和浩特:内蒙古农业大学, 2022.

[105] SUN Z, ZHENG Y, LI X, et al. The Nexus of water, ecosystems, and agriculture in endorheic river basins: a system analysis based on integrated ecohydrological modeling[J]. Water Resources Research, 2018, 54(10): 7534-7556.

[106] XU Z X, LI L, ZHAO J. A distributed eco-hydrological model and its application[J]. Water Science and Engineering, 2017, 10(4): 257-264.

[107] VIOLA F, PUMO D, NOTO L V. EHSM: A conceptual ecohydrological model for daily streamflow simulation[J]. Hydrological Processes, 2014, 28(9): 3361-3372.

[108] 康绍忠,粟晓玲,杜太生, 等. 西北旱区流域尺度水资源转化规律及其节水调控模式:以甘肃石羊河流域为例[M]. 北京:中国水利水电出版社, 2009.

[109] MA Z M, KANG S Z, ZHANG L, et al. Analysis of impacts of climate variability and human activity on streamflow for a river basin in arid region of northwest China[J]. Journal of Hydrology, 2008, 352 (3-4): 239-249.

[110] 甘肃省水利厅,甘肃省发展和改革委员会. 石羊河流域重点治理规划 [R]. 2007.

[111] 王磊，符向前，何玉江，等. 石羊河流域水资源模拟与合理配置研究 [J]. 中国农村水利水电，2021(8)：94-97.

[112] 甘肃省统计局，国家统计局甘肃调查总队. 甘肃发展年鉴[M]. 北京：中国统计出版社，2021.

[113] 陈政融，刘世增，刘淑娟，等. 芦苇和白刺空间格局对青土湖生态输水的响应[J]. 草业科学，2015，32(12)：1960-1968.

[114] HUANG F, OCHOA C G, CHEN X, et al. An entropy-based investigation into the impact of ecological water diversion on land cover complexity of restored oasis in arid inland river basins[J]. Ecological Engineering, 2020, 151: 105865.

[115] 李元春，葛静，侯蒙京，等. 基于CCI-LC数据的甘南和川西北地区土地覆盖类型时空动态分布及草地面积变化驱动力研究[J]. 草业学报，2020，29(3)：1-15.

[116] HUA T, ZHAO W W, LIU Y X, et al. Spatial consistency assessments for global land-cover datasets: A comparison among GLC2000, CCI LC, MCD12, GLOBCOVER and GLCNMO[J]. Remote Sensing, 2018, 10(11): 1846.

[117] LIU Q H, ZHANG Y L, LIU L S, et al. The spatial local accuracy of land cover datasets over the Qiangtang Plateau, High Asia[J]. Journal of Geographical Sciences, 2019, 29(11): 1841-1858.

[118] 谭剑波，李爱农，雷光斌. 青藏高原东南缘气象要素 Anusplin 和 Cokriging 空间插值对比分析[J]. 高原气象，2016，35(4)：875-886.

[119] CHENG J Y, LI Q X, CHAO L Y, et al. Development of high resolution and homogenized gridded land surface air temperature data: a case study over Pan-East Asia[J]. Frontiers in Environmental Science, 2020, 8: 588570.

[120] 刘志红，TIM R MCVICAR，VAN NIEL T G，等. 专用气候数据空间插值软件 ANUSPLIN 及其应用[J]. 气象，2008(2)：92-100.

[121] 钱永兰，吕厚荃，张艳红. 基于 ANUSPLIN 软件的逐日气象要素插值方法应用与评估[J]. 气象与环境学报，2010，26(2)：7-15.

[122] 汪芳甜，安萍莉，蔡璐佳，等. 基于 RS 与 GIS 的内蒙古武川县退耕还林生态成效监测[J]. 农业工程学报，2015，31(11)：269-277.

[123] 李昌凌，李文军. 基于 NDVI 的锡盟苏尼特左旗地表植被生物量的趋势分析和空间格局[J]. 干旱区资源与环境，2010，24(3)：147-152.

[124] ZHANG S H, YE Z X, CHEN Y N, et al. Vegetation responses to an ecological water conveyance project in the lower reaches of the Heihe River basin[J]. Ecohydrology, 2017, 10(6)：e1866.

[125] MCFEETERS S K. The use of the Normalized Difference Water Index (NDWI) in the delineation of open water features[J]. International Journal of Remote Sensing, 1996, 17(7)：1425-1432.

[126] JI L, ZHANG L, WYLIE B. Analysis of dynamic thresholds for the normalized difference water index[J]. Photogrammetric Engineering & Remote Sensing, 2009, 75(11)：1307-1317.

[127] MEYER G E, NETO J C. Verification of color vegetation indices for automated crop imaging applications[J]. Computers and Electronics in Agriculture, 2008, 63(2)：282-293.

[128] STÄHL G, EKSTRÖM M, DAHLGREN J, et al. Informative plot sizes in presence-absence sampling of forest floor vegetation[J]. Methods in Ecology and Evolution, 2017, 8(10)：1284-1291.

[129] MANN H B. Nonparametric tests against trend[J]. Econometrica, 1945, 13(3)：245-259.

[130] KENDALL M G. Rank correlation methods[J]. Biometrika, 1957, 44 (1-2)：298.

[131] NGOMA H, WANG W, OJARA M, et al. Assessing current and future spatiotemporal precipitation variability and trends over Uganda, East Africa, based on CHIRPS and regional climate model datasets [J]. Meteorology and Atmospheric Physics, 2021, 133：823-843.

[132] BUDAKOTI S, SINGH C. Examining the characteristics of planetary boundary layer height and its relationship with atmospheric parameters over Indian sub-continent[J]. Atmospheric Research, 2021：105854.

[133] 黄峰. 河流生态水文情势受水库影响及其保护理论研究[D]. 南京：河海
大学，2013.

[134] 刘斌涛，陶和平，宋春风，等. 1960—2009 年中国降雨侵蚀力的时空变
化趋势[J]. 地理研究，2013，32(2)：245-256.

[135] 夏自强，郭利丹，黄峰，等. 巴尔喀什湖-阿拉湖流域水文地理特征分析
及人类活动影响研究[M]. 北京：中国水利水电出版社，2018.

[136] 安全，梁川，刘政. 雅砻江中上游径流变化特性的小波分析[J]. 武汉大
学学报(工学版)，2008(3)：20-24＋28.

[137] 王建华，何国华，何凡，等. 中国水土资源开发利用特征及匹配性分析
[J]. 南水北调与水利科技，2019，17(4)：1-8.

[138] COSTANZA R. Ecosystem health and ecological engineering[J]. Eco-
logical Engineering，2012，45：24-29.

[139] WEI W，NAN S X，Liu C F，et al. Assessment of spatio-temporal
changes for ecosystem health：a case study of Hexi Corridor，North-
west China[J]. Environmental Management，2022，70(1)：146-163.

[140] YNAG Y J，SONG G，LU S. Assessment of land ecosystem health
with Monte Carlo simulation：A case study in Qiqihaer，China[J].
Journal of Cleaner Production，2020，250：119522.

[141] Pan Z Z，He J H，Liu D F，et al. Predicting the joint effects of future
climate and land use change on ecosystem health in the Middle Reaches
of the Yangtze River Economic Belt，China[J]. Applied Geography，
2020，124：102293.

[142] JIAN P，LIU Y X，WU J S，et al. Linking ecosystem services and
landscape patterns to assess urban ecosystem health：a case study in
Shenzhen City，China[J]. Landscape and Urban Planning，2015，143：
56-68.

[143] 夏军，左其亭，王根绪，等. 生态水文学[M]. 北京：科学出版
社，2020.

[144] 唱彤. 流域生态分区及其生态特性研究——以滦河流域为例[D]. 北京：
中国水利水电科学研究院，2013.

［145］张璐，杨爱民，吴赛男，等. 南水北调中线一期工程受水区生态水文分区［J］. 水利水电技术，2009，40(12)：8-11＋18.

［146］马海云，张林林，魏学琼，等. 2000—2015 年西南地区土地利用与植被覆盖的时空变化［J］. 应用生态学报. 2021，32(2)：618-628.

［147］WEI W，XIE Y W，SHI P J，et al. Spatial temporal analysis of land use change in the Shiyang River Basin in arid China，1986—2015［J］. Polish Journal of Environmental Studies，2017，26(4)：1789-1796.

［148］张世清，安放舟，郭彦峰. 基于 TM 影像的石羊河流域土地利用变化研究［J］. 新疆环境保护，2012，34(1)：40-46.

［149］杨亮洁，王晶，魏伟，等. 干旱内陆河流域生态安全格局的构建及优化——以石羊河流域为例［J］. 生态学报，2020，40(17)：5915-5927.

［150］孟阳阳，何志斌，刘冰，等. 干旱区绿洲湿地空间分布及生态系统服务价值变化——以三大典型内陆河流域为例［J］. 资源科学，2020，42(10)：2022-2034.

［151］WANG Q Z，GUAN Q Y，LIN J K，et al. Simulating land use/land cover change in an arid region with the coupling models［J］. Ecological Indicators，2021，122：107231.

［152］苏芳，尚海洋，张志强. 1980—2010 年石羊河流域生态服务类型变化与分析［J］. 冰川冻土，2017，39(4)：917-925.

［153］武建学. 甘肃省"再造河西"战略中农业产业化问题研究［J］. 中国农业资源与区划，2001，22(1)：55-58.

［154］尚海洋，张志强. 石羊河流域土地利用类型变化与转换效果分析［J］. 资源开发与市场，2015，31(1)：40-43＋125.

［155］王劲峰，徐成东. 地理探测器：原理与展望［J］. 地理学报，2017，72(1)：116-134.

［156］ZHU L J，MENG J J，ZHU L K. Applying GeoDetector to disentangle the contributions of natural and anthropogenic factors to NDVI variations in the middle reaches of the Heihe River Basin［J］. Ecological Indicators，2020，117：106545.

［157］GUAN Q Y，YANG L Q，PAN N H，et al. Greening and browning of the Hexi Corridor in northwest China: Spatial patterns and responses to climatic variability and anthropogenic drivers[J]. Remote Sensing, 2018, 10(8): 1270.

[158] HAN J C, HUANG Y F, ZHANG H, et al. Characterization of elevation and land cover dependent trends of NDVI variations in the Hexi region, northwest China[J]. Journal of Environmental Management, 2019, 232: 1037-1048.

[159] 任立清, 冉有华, 任立新, 等. 2001—2018 年石羊河流域植被变化及其对流域管理的启示[J]. 冰川冻土, 2019, 41(5): 1244-1253.

[160] EAMUS D, FROEND R, LOOMES R, et al. A functional methodology for determining the groundwater regime needed to maintain the health of groundwater-dependent vegetation[J]. Australian Journal of Botany, 2006, 54(2): 97-114.

[161] CUI Y L, SHAO J L. The role of ground water in arid/semiarid ecosystems, Northwest China[J]. Ground Water, 2005, 43(4): 471-477.

[162] GLAZER A N, LIKENS G E. The water table: The shifting foundation of life on land[J]. Ambio, 2012, 41(7): 657-669.

[163] 邓铭江, 樊自立, 徐海量, 等. 塔里木河流域生态功能区划研究[J]. 干旱区地理, 2017, 40(4): 705-717.

[164] 蔡燕, 鱼京善, 王会肖, 等. 黄河流域生态水文分区及优先保护级别[J]. 生态学报, 2010, 30(15): 4213-4220.

[165] 邓铭江. 三层级多目标水循环调控理论与工程技术体系[J]. 干旱区地理, 2019, 42(5): 961-975.

[166] BALL G H, HALL D J. A clustering technique for summarizing multivariate data[J]. Behavioral Science, 1967, 12(2): 153-155.

[167] ZHANG M M, CHEN F, TIAN B S, et al. High-frequency glacial lake mapping using time series of sentinel-1A/1B SAR imagery: an assessment for the southeastern Tibetan plateau[J]. International Journal of Environmental Research and Public Health, 2020, 17(3): 1072.

[168] YAN J, ZHAO L, TANG J, et al. Hybrid kernel based machine

learning using received signal strength measurements for indoor locali-zation[J]. IEEE Transactions on Vehicular Technology，2018，67(3)：2824-2829.

[169] BUKENYA F，NERISSA C，SERRES S，et al. An automated method for segmentation and quantification of blood vessels in histology images [J]. Microvascular Research，2020，128：103928.

[170] 杨威. 基于模式识别方法的多光谱遥感图像分类研究[D]. 长春：东北师范大学，2011.

[171] 关惠元，张国斌. 石羊河流域景观格局及其驱动力[J]. 兰州交通大学学报，2017，36(4)：93-99.

[172] KUANG W. 70 years of urban expansion across China：trajectory，pattern，and national policies[J]. Science Bulletin，2020，65(23)：1970-1974.

[173] 曹乐，聂振龙，刘敏，等. 民勤绿洲天然植被生长与地下水埋深变化关系[J]. 水文地质工程地质，2020，47(3)：25-33.

[174] 江原，杨金顺，赵发甲，等. 从民勤盆地植被覆盖度时空变化视角评估石羊河流域综合治理成效[J]. 云南农业大学学报（自然科学），2020，35(4)：726-735.

[175] 王晶，王旭峰. 2000—2016 年石羊河北部植被覆盖度动态变化特征[J]. 地理空间信息，2019，17(8)：46-49＋11.

[176] ZHANG Y，CHEN J，HAN Y，et al. The contribution of Fintech to sustainable development in the digital age：ant forest and land restora-tion in China[J]. Land Use Policy，2021，103：105306.

[177] 杨东. 石羊河流域上游水源涵养区保护与流域供水安全[J]. 中国水利，2013(5)：45-47.

[178] 丁文广，刘迎陆，田莘冉，等. 祁连山国家级自然保护区创新管理机制研究[J]. 环境保护，2018，46(Z1)：41-46.

[179] 陈亚宁，李稚，范煜婷，等. 西北干旱区气候变化对水文水资源影响研究进展[J]. 地理学报，2014，69(9)：1295-1304.

[180] 李丽丽，王大为，韩涛. 2000—2015 年石羊河流域植被覆盖度及其对气

候变化的响应[J].中国沙漠，2018，38(5)：1108-1118.

[181] XUE D X, Zhou J J, Zhao X, et al. Impacts of climate change and human activities on runoff change in a typical arid watershed, NW China [J]. Ecological Indicators, 2021, 121：107013.

[182] 张永，杨自辉，王立，等. 石羊河中游生长季植被覆盖对气候的响应 [J]. 干旱区研究，2018,35(3)：662-668.

[183] 石磊，张芮，董平国，等. 干旱缺水区民勤县水资源持续高效利用措施研究[J].水资源保护，2017,33(4)：20-26.

[184] YUE W, LIU X, WANG T, et al. Impacts of water saving on groundwater balance in a large-scale arid irrigation district, Northwest China [J]. Irrigation Science, 2016, 34(4)：297-312.

[185] JIANG G Y, WANG Z J. Scale effects of ecological safety of water-saving irrigation：A case study in the arid inland river basin of Northwest China[J]. Water, 2019, 11(9)：1886.

[186] CAO L, NIE Z L, LIU M, et al. The ecological relationship of groundwater-soil-vegetation in the Oasis-Desert transition zone of the Shiyang River Basin[J]. Water, 2021, 13(12)：1642.

[187] 雷波，刘钰，杜丽娟，等. 灌区节水改造环境效应综合评价研究初探 [J]. 灌溉排水学报，2011，30(3)：100-103.

[188] HUANG W, DUAN W, NOVER D, et al. An integrated assessment of surface water dynamics in the Irtysh River Basin during 1990—2019 and exploratory factor analyses[J]. Journal of Hydrology, 2021, 593：125905.

[189] GUTMAN G, IGNATOV A. The derivation of the green vegetation fraction from NOAA/AVHRR data for use in numerical weather prediction models[J]. International Journal of Remote Sensing, 1998, 19 (8)：1533-1543.

[190] BAO A M, HUANG Y, Ma Y G, et al. Assessing the effect of EWDP on vegetation restoration by remote sensing in the lower reaches of Tarim River[J]. Ecological Indicators, 2017, 74：261-275.

[191] SHANNON C E. A mathematical theory of communication[J]. The Bell System Technical Journal, 1948, 27(3): 379-423.

[192] ALTIERI L, COCCHI D, ROLI G. Advances in spatial entropy measures[J]. Stochastic Environmental Research and Risk Assessment, 2019, 33(4): 1223-1240.

[193] WAGENER T, BOYLE D P, LEES M J, et al. A framework for development and application of hydrological models[J]. Hydrology and Earth System Sciences, 2001, 5(1): 13-26.

[194] 谢万银, 陈英, 杨文清. 甘肃民勤蒸发皿蒸发量变化特征分析[J]. 农业科技与信息, 2015(7): 90-91.

[195] MUNEEPEERAKUL C P, MIRALLES-WILHELM F, TAMEA S, et al. Coupled hydrologic and vegetation dynamics in wetland ecosystems [J]. Water Resources Research, 2008, 44(7), W07421.

[196] VERHULST P F. Notice sur la loi que la population suit dans son accroissement[J]. Correspondence Mathematique et Physique, 1838, 10: 113-126.

[197] 司建华, 龚家栋, 张勃. 干旱地区生态需水量的初步估算——以张掖地区为例[J]. 干旱区资源与环境, 2004, 18(1): 49-53.

[198] 陈乐, 张勃, 任培贵. 石羊河流域天然植被适宜生态需水量估算[J]. 水土保持通报, 2014, 34(1): 327-333.

[199] SADEGH M, RAGNO E, AGHAKOUCHAK A. Multivariate Copula Analysis Toolbox (MvCAT): describing dependence and underlying uncertainty using a Bayesian framework[J]. Water Resources Research, 2017, 53(6): 5166-5183.

[200] WONG G, LAMBERT M F, LEONARD M, et al. Drought analysis using trivariate copulas conditional on climate states[J]. Journal of Hydrologic Engineering, 2010, 15(2): 129-141.

[201] SCHAEFLI B, KAVETSKI D. Bayesian spectral likelihood for hydrological parameter inference[J]. Water Resources Research, 2017, 53 (8): 6857-6884.

[202] HAARIO H, LAINE M, MIRA A, et al. DRAM: efficient adaptive MCMC[J]. Statistics and Computing, 2006, 16(4): 339-354.

[203] NGUYEN D H, KIM S H, KWON H H, et al. Uncertainty quantification of water level predictions from radar-based areal rainfall using an adaptive MCMC algorithm[J]. Water Resources Management, 2021, 35(7): 2197-2213.

[204] REIS JR D S, STEDINGER J R. Bayesian MCMC flood frequency analysis with historical information[J]. Journal of Hydrology, 2005, 313(1-2): 97-116.

[205] HUANG F, OCHOA C G, CHEN X. Assessing environmental water requirement for groundwater-dependent vegetation in arid inland basins by combining the copula joint distribution function and the dual objective optimization: An application to the Turpan Basin, China[J]. Science of The Total Environment, 2021, 799: 149323.

[206] 张翔, 冉啟香, 夏军, 等. 基于 Copula 函数的水量水质联合分布函数[J]. 水利学报, 2011, 42(4): 483-489.

[207] NASEEM B, AJAMI H, LIU Y, et al. Multi-objective assessment of three remote sensing vegetation products for streamflow prediction in a conceptual ecohydrological model[J]. Journal of Hydrology, 2016, 543: 686-705.

[208] BORGOGNO F, D'ODORICO P, LAIO F, et al. Mathematical models of vegetation pattern formation in ecohydrology[J]. Reviews of Geophysics, 2009, 47(1), RG1005.

[209] FIENER P, AUERSWALD K, Van Oost K. Spatio-temporal patterns in land use and management affecting surface runoff response of agricultural catchments-A review[J]. Earth Science Reviews, 2011, 106 (1-2): 92-104.

[210] KALNAY E, CAI M. Impact of urbanization and land-use change on climate[J]. Nature, 2003, 423(6939): 528-531.

[211] GARG V, NIKAM B R, THAKUR P K, et al. Human-induced land

use land cover change and its impact on hydrology[J]. HydroResearch, 2019, 1: 48-56.

[212] GARG V, AGGARWAL S P, GUPTA P K, et al. Assessment of land use land cover change impact on hydrological regime of a basin[J]. Environmental Earth Sciences, 2017, 76(18): 1-17.

[213] GUZHA A C, RUFINO M C, OKOTH S, et al. Impacts of land use and land cover change on surface runoff, discharge and low flows: Evidence from East Africa[J]. Journal of Hydrology: Regional Studies, 2018, 15: 49-67.

[214] 王晓东, 蒙吉军. 土地利用变化的环境生态效应研究进展[J]. 北京大学学报(自然科学版), 2014, 50(6): 1133-1140.

[215] FALCUCCI A, MAIORANO L, BOITANI L. Changes in land-use/land-cover patterns in Italy and their implications for biodiversity conservation[J]. Landscape Ecology, 2007, 22(4): 617-631.

[216] ALMEIDA S, LOUZADA J, SPERBER C, et al. Subtle land-use change and tropical biodiversity: dung beetle communities in Cerrado grasslands and exotic pastures[J]. Biotropica, 2011, 43(6): 704-710.

[217] GLEICK P H. Water use[J]. Annual Review of Environment and Resources, 2003, 28(1): 275-314.

[218] 吾买尔江·吾布力, 李卫红, 朱成刚, 等. 新疆孔雀河流域生态退化问题与保护恢复研究[J]. 新疆环境保护, 2017, 39(1): 8-12.

[219] 万炜, 魏伟, 钱大文, 等. 土地利用/覆被变化的环境效应研究进展[J]. 福建农林大学学报(自然科学版), 2017, 46(4): 361-372.

[220] WANG S H, HUANG S L, BUDD W W. Resilience analysis of the interaction of between typhoons and land use change[J]. Landscape and Urban Planning, 2012, 106(4): 303-315.

[221] 夏军, 朱一中. 水资源安全的度量: 水资源承载力的研究与挑战[J]. 自然资源学报, 2002(3): 262-269.

[222] 王芳, 梁瑞驹, 杨小柳, 等. 中国西北地区生态需水研究(1)——干旱半干旱地区生态需水理论分析[J]. 自然资源学报, 2002(1): 1-8.

[223] 张丽. 黑河流域下游生态需水理论与方法研究[D]. 北京:北京林业大学,2004.

[224] 王浩,秦大庸,王建华. 流域水资源规划的系统观与方法论[J]. 水利学报,2002(8):1-6.

[225] [美]赫伯特·西蒙. 西蒙选集[M]. 黄涛,译. 北京:首都经济贸易大学出版社,2002.

[226] 彭少明. 流域水资源调配决策理论与方法研究[D]. 西安:西安理工大学,2008.

[227] 黄宪成. 模糊多目标决策理论、方法及其应用研究[D]. 大连:大连理工大学,2003.

[228] 钱正英. 西北地区水资源配置、生态环境建设和可持续发展战略研究[J]. 中国水利,2003(9):17-24.

[229] ZENG Y, LI J, CAI Y, et al. Equitable and reasonable freshwater allocation based on a multi-criteria decision making approach with hydrologically constrained bankruptcy rules[J]. Ecological Indicators, 2017, 73: 203-213.

[230] 张婧婧. 聊城市"以水定地"节水型种植业布局结构优化研究[D]. 泰安:山东农业大学,2022.

[231] LIU X, CAI Z Y, XU Y, et al. Suitability evaluation of cultivated land reserved resources in arid areas based on regional water balance[J]. Water Resources Management, 2022, 36(4): 1463-1479.

[232] 杨舒媛,魏保义,王军,等. "以水四定"方法初探及在北京的应用[J]. 北京规划建设,2016(3):100-103.

[233] 曲耀光,马世敏,曲玮. 西北干旱区水资源转化与开发利用模型[J]. 中国沙漠,1998,18(4):299-317.

[234] 王晓玮,邵景力,王卓然,等. 西北地区地下水水量-水位双控指标确定研究——以民勤盆地为例[J]. 水文地质工程地质,2020,47(2):17-24.

[235] 金淑婷,杨永春,李博,等. 内陆河流域生态补偿标准问题研究——以石羊河流域为例[J]. 自然资源学报,2014,29(4):610-622.

[236] 马心依,粟晓玲,张更喜. 基于归一化植被指数估算黑河中游地区植被

生态耗水量[J]. 西北农林科技大学学报（自然科学版），2018，46（8）：55-62.

[237] 郝博，粟晓玲，马孝义. 甘肃省民勤县天然植被生态需水研究[J]. 西北农林科技大学学报（自然科学版），2010，38（2）：158-164.

[238] 吴恒卿，黄强，徐炜，等. 基于聚合模型的水库群引水与供水多目标优化调度[J]. 农业工程学报，2016，32（1）：140-146.

[239] DEB K，PRATAP A，AGARWAL S，et al. A fast and elitist multiobjective genetic algorithm：NSGA-Ⅱ[J]. IEEE Transactions on Evolutionary Computation，2002，6（2）：182-197.

[240] 于冰，梁国华，何斌，等. 城市供水系统多水源联合调度模型及应用[J]. 水科学进展，2015，26（6）：874-884.

[241] 王茜，张粒子. 采用 NSGA-Ⅱ混合智能算法的风电场多目标电网规划[J]. 中国电机工程学报，2011，31（19）：17-24.

[242] 马黎华. 石羊河流域用水结构的数据驱动模拟及缺水风险研究[D]. 咸阳：西北农林科技大学，2012.